高等职业院校机电类专业"十三五"系列规划教材

常用机构与通用零件设计

CHANGYONG JIGOU YU TONGYONG LINGJIAN SHEJI

主　编　李如钢

副主编　王江林　李　芯

　　　　刘全峰

合肥工业大学出版社

图书在版编目(CIP)数据

常用机构与通用零件设计/李如钢主编．—合肥:合肥工业大学出版社,2017.1(2018.1重印)
ISBN 978-7-5650-3091-8

Ⅰ.①常… Ⅱ.①李… Ⅲ.①机械元件—机械设计 Ⅳ.①TH13

中国版本图书馆 CIP 数据核字(2016)第 285817 号

常用机构与通用零件设计

主 编 李如钢		责任编辑 马成勋		
出 版	合肥工业大学出版社	版 次	2017 年 1 月第 1 版	
地 址	合肥市屯溪路 193 号	印 次	2018 年 1 月第 2 次印刷	
邮 编	230009	开 本	787 毫米×1092 毫米 1/16	
电 话	理工图书编辑部:0551-62903200	印 张	14.75	
	市 场 营 销 部:0551-62903198	字 数	348 千字	
网 址	www.hfutpress.com.cn	印 刷	安徽昶颉包装印务有限责任公司	
E-mail	hfutpress@163.com	发 行	全国新华书店	

ISBN 978-7-5650-3091-8　　　　　　　　定价: 35.00 元

如果有影响阅读的印装质量问题,请与出版社市场营销部联系调换

前　言

职业活动导向课程是在对某行业有一定技术含量的工作岗位群工作过程系统化分析的基础上,提炼形成岗位群职业能力,并结合相关的国家职业资格鉴定标准而构建的课程体系。职业院校的课程应该以职业或岗位现场工作过程及职业能力要求为依据,使课程结构和教学内容最大限度地体现职业功能,最大限度地满足生产、服务等职业活动的基本要求。课程突出能力目标,课程内容的主要载体是项目和任务。职业活动导向课程的核心是培养学生具备与职业岗位群相对应的的技术实践能力,除了要求学生具备必需的相关理论知识外,更注重培养学生运用相关的理论知识解决实际问题的能力,培养学生运用相关的理论知识解决职业活动中实际问题的能力是职业活动导向课程建构的最终目标。学生通过实施项目化教学,工作现场情景化演练,角色扮演等教学方式,具备从事某几种技术岗位工作的基本能力,形成良好的职业素养,具有一定的职业潜移能力和职业发展能力。

机械设计基础是高等职业院校机械类专业的一门技术核心课程,旨在培养工程技术人员所需的常用机构和通用零件设计的基本知识、基本理论和基本技能,使之具有分析、运用和维护机械传动装置和机械零件设计的能力,为今后解决生产实际问题及学习新的科学技术打下基础。它是从理论性、系统性很强的基础课和专业基础课向实践性较强的专业课过渡的课程,在整个学习过程中占有非常重要的地位。多年来,国内一些从事教学的教师,进行了课程内容的重组、教学方法的创新、考核方式的探索、实践教学环节的改革。使部分内容形成了模块式的分类教学,案例式的目标教学等。改善了传统教学中以本科压缩型的教学模式,理论部分不注重实用性与综合性,理论偏多、偏深,没有考虑到理论与技能上的内在联系,没有切实突出高职教育的特色。但仍缺乏把应用能力训练作为中心,与相关行业的生产实践脱节,缺乏实用性,课程跟不上行业的发展,滞后现象明显,不能与行业的发展同步,学生知识更新速度慢等缺点。尽管教学效果有一定的提高,但课程用教材、教学大纲、实践教学环节、以及考试方法等仍保持原学科体系的模式,没有系统性地对课程进行基于职业活动导向的开发,课程难以建立在职业工作的整体性、工作过程的完整性之中,不能体现"教、学、做"一体化。我们通过深入实际工作现场,与机械工程专家、工程师和企业生产一线人员的访谈研讨,调研典型职业活动的工作过程。并走访武汉工程职业技术学院等院校的教师,对教材、教法、实训、考试等方面作了探讨和分析,一致认为有必要对原机械设计基础课程,以职业岗位的典型工作任务归纳职业行动领域,再按照教育规律,转换为新的学习领域课程——基于职业活动导向的常用机构与通用零件设计课程。

本书是以单缸内燃机的运动分析、带式传输机传动装置设计两个典型的工作任务作为课程项目,以此为载体实现职业活动导向的课程开发而编写。具体实现了:(1)有利于学生职业综合能力的形成。使能力目标、知识目标、素质目标融为一体。(2)有利于实现"教、学、做"一体化。打破以知识传授为主要特征的传统学科体系课程模式,转变为以职业活动导向的课程内容。(3)有利于实现"工学结合"。将抽象的理论更具体化、工作化、过程化,使学生成为课程实施和评价的主体,明确工作任务所需的知识点,主动地投入有启发性的学习情境中,能动地构建知识。(4)有利于帮助学生认识典型工作岗位"做什么"、"怎么做"和"怎么做得更好"。

　　本课程由鄂州职业大学机械工程学院和武汉工程职业学院机电工程学院教师共同编写。鄂州职业大学机械工程学院副教授李如钢担任主编,鄂州职业大学机械工程学院副教授刘全锋、讲师王江林和武汉工程职业学院机电工程学院讲师李芯等担任副主编。李如钢编写绪论、项目二中的子项目1、4;刘全锋编写项目二中的子项目5、6;王江林编写项目一中的子项目1、2、3;李芯编写项目二中的子项目2、3。

　　为了方便教师教学,本课程配有电子教学课件。由于编者水平有限加之时间仓促,缺点和错误在所难免,敬请各位读者批评指正。

编　者

2016 年 12 月

目　　录

绪论　常用机构与通用零件设计的预备知识 ……………………………………………（001）

项目一　单缸内燃机的运动分析 …………………………………………………………（007）

子项目1　单缸内燃机中的机构运动条件分析 …………………………………………（008）

子项目2　单缸内燃机中的曲柄滑块机构分析 …………………………………………（017）

子项目3　单缸内燃机中的配气机构分析 ………………………………………………（033）

项目二　带式传输机传动装置的设计 ……………………………………………………（046）

子项目1　机械传动装置的总体设计 ……………………………………………………（047）

子项目2　带式传输机传动装置中的带传动设计 ………………………………………（064）

子项目3　带式传输机中减速器的齿轮传动设计 ………………………………………（098）

子项目4　带式传输机中减速器的箱体设计及联接件的选择 …………………………（159）

子项目5　带式传输机中减速器轴的设计 ………………………………………………（183）

子项目6　带式传输机中减速器轴承及联轴器的选择 …………………………………（204）

绪论　常用机构与通用零件设计的预备知识

0.1　机械的基本知识

1. 机械的组成与特征

人类在改造世界的过程中,为减轻劳动强度,提高工作效率,创造并发展了各种机械设备。如汽车、起重机、洗衣机、自行车和各种机床等机器。

机械的种类繁多,形式各不相同,但却有共同的特征。

如图 0-1 所示的自行车,它由后轮 1、飞轮 2、链条 3、踏板 4、链轮 5 等组成。当人蹬踏使链轮顺时针转动带动链条运动时,飞轮内的棘轮棘爪机构驱使后轮转动,使自行车向前运动。

如图 0-2 所示的单缸内燃机;它由缸体 1、曲轴 2、连杆 3、活塞 4、进气阀 5、排气阀 6、推杆 7、凸轮 8 及齿轮 9 和 10 等组成。通过燃气在汽缸内实现进气压缩爆燃排气的循环,推动活塞移动连杆,使曲轴作连续转动,从而使燃气的热能转变为曲轴转动的机械能。

1-后轮；2-飞轮；3-链条；4-踏板；5-链轮

图 0-1　自行车

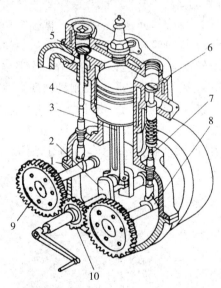

1-缸体；2-曲轴；3-连杆；4-活塞；5-进气阀；
6-排气阀；7-推杆；8-凸轮；9, 10-齿轮

图 0-2　单缸内燃机

如图 0-3 所示的颚式破碎机，它由电动机 1、带轮 2、带轮 4、V 带 3、偏心轴 5、动颚板 6、定颚板（机架）7、肘板 8 等组成。当电动机的转动通过 V 带传动使偏心轴转动，而实现动颚板作平面运动，它不断地将料斗中的矿石向定颚板挤压，以达到破碎矿石的目的。

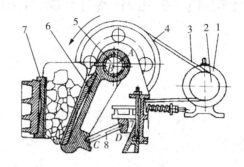

图 0-3 颚式破碎机

1—电动机；2、4—带轮；3—V 带；5—偏心轮；6—动颚板；7—定颚板；8—肘板

根据上述实例分析，从机械的组成与运动的确定性和机械的功能关系来看，它们都具有以下 3 个共同的特征：

（1）结构特征 —— 它们都是人为的实物体（构件）组合；

（2）运动特征 —— 各个实物体（构件）之间具有确定的相对运动；

（3）功能关系特征 —— 能做有用的机械功或完成能量、物料与信息的转换和传递。

从机械的构成来看，一部完整的机器主要有以下 4 个部分组成：

（1）动力部分是机械的动力来源，其作用是把其他形式的能转变为机械能以驱动机械运动并作功。

（2）执行部分是直接完成机械预定功能的部分。

（3）传动部分是将动力部分的运动和动力传递给执行部分的中间环节，它可以改变运动速度、转换运动形式，以满足工作部分的各种要求。

（4）控制部分是用来控制机械的其他部分，使操纵者能随时实现或停止各项功能。

机械的组成不是一成不变的，有些简单机械不一定完整具有上述 4 个组成部分，有的只的动力部分和执行部分，如水泵、砂轮等；而对于较复杂的机械，除具有上述 4 个部分外，还有其他的辅助装置，如汽车的润滑、照明、喇叭等部分。

图 0-3 机械组成图

2. 机械中的几个概念

要研究机械，首先掌握几个基本概念

（1）机器和机构

从上面典型机械的分析可知，同时具备结构、运动和功能关系 3 个特征的实物组合体称

为机器。只具备结构和运动前两个特征的实物组合体称为机构。机器包含一个或多个机构,如内燃机由 3 大机构组成,分别是曲柄滑块机构、齿轮机构和凸轮机构。

如从结构和运动的角度来看,机器与机构并无区别,因此,通常把机器与机构统称为机械。

(2) 构件和零件

组成机构的各个相对运动部分称为构件。它是运动的最小单元,可由一个或多个实物体组成。如图 0-5 所示的内燃机连杆,它是由连杆体 1、连杆盖 2、轴瓦 3-5、螺栓 6、螺母、开口销等实物体所组成。

组成构件的每一个实物体称为零件。它是制造的单元,是不可拆的,如齿轮、轴、螺栓、螺母等。

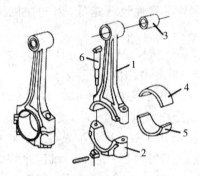

1-连杆体;2-连杆盖;3~5-轴瓦;6-螺栓

图 0-5   连杆简图

零件可分为两大类:通用零件和专用零件。通用零件是指各种机器中经常用到的零件,如齿轮、轴、螺栓、螺母等。专用零件是只出现在某些特定的机器中,如涡轮机的叶片、飞机的螺旋桨内燃机的曲轴等。

0.2   机械设计的基本知识

一、机械设计的基本要求

机械设计包括:应用新技术、新方法开发创造新机械和在原有机械的基础上重新设计或进行局部改造,从而改变或提高原有机械的性能等两种。设计质量的高低直接关系到产品的性能、价格及经济效益。

机械零件是机器的基本制造单元,在讨论机械设计的基本要求之前,应初步了解设计机械零件的一些基本要求。

1. 设计机械零件的基本要求

零件工作可靠并且成本低廉是设计机械零件应满足的基本要求。

零件的工作能力是指零件在一定的工作条件下抵抗可能出现的失效的能力,对载荷而言称为承载能力。失效是指零件由于某种原因不能正常工作,只有每个零件都能可靠的工作,才能保证机器的正常运行。

为此在设计时应该注意以下几点：

① 合理选择材料,降低材料费用。

② 保证良好的加工工艺性,降低制造成本。

③ 尽量采用标准化通用化设计,简化设计过程,从而降低成本。

2. 机械设计的基本要求

机械产品设计应该满足以下几方面的基本要求。

(1) 实现预定功能　设计的机器能实现预定的功能,在规定的工作条件下能正常运转,并有一定的寿命。

(2) 满足可靠性要求　机器由许多零件及部件组成,其可靠性取决于零部件的可靠度。机械系统的零部件越多,其可靠性也就越低,因此在机械设计时应尽量减少零件的数目。

(3) 满足经济性要求　经济性指标是一项综合性指标,要求设计及制造成本低,生产效率高,能源和材料消耗少,维护及管理费用低。

(4) 操作方便、工作安全　操作系统要简便可靠,有利于减轻操作人员的劳动强度。要有各种保险装置,以消除由于误操作而引起的危险,避免人身伤害及设备事故的发生。

(5) 造型美观、减少污染　运用工业艺术造型设计方法对机械产品进行工业制造设计,使所设计的机器不仅使用性能好、尺寸小、价格低廉,而且外形美观、富有时代特点。机械产品的造型直接影响产品的销售和竞争力,在机械设计中不容忽视。

此外,还必须尽可能地降低噪声,减轻对环境的污染。

二、机械设计的内容与步骤

机械设计是一项复杂、细致和科学性很强的工作。随着科学技术的发展,对设计的理解在不断地深化,设计方法也在不断地发展。

机械设计过程通常可以分为以下几个阶段：

(1) 产品规划　产品规划的主要工作是提出设计任务和明确设计要求,这是机械产品设计首先需要解决的问题。通常人们是根据市场需求提出设计任务,通过可靠性分析后才能进行产品规划。

(2) 方案设计　在满足设计任务书中设计具体要求的前提下,由设计人员构思出多种可行性方案并进行分析论证,从中优选出一种能完成预定功能、工作性能可靠、结构设计可行、成本低廉的方案。

(3) 技术设计　在既定设计方案的基础上,完成机械产品的总体设计、部件设计、零件设计等,设计结果以工程图及设计说明书的形式表达出来。

(4) 制造及试验　经过加工、安装及调试制造出样机,对样机进行试运行或在生产现场试用,将试验过程中发现的问题反馈给设计人员,经过修改完善,最后通过鉴定。

与设计机器时一样,设计机械零件也常需拟定出几种不同的方案,经过认真比较选用其中最好的一种。设计机械零件的一般步骤如下：

① 根据机器的具体运转情况和简化的计算方案,确定零件的载荷。

② 根据零件工作情况的分析,判定零件的失效形式,从而确定其计算准则。

③ 进行主要参数选择,选定材料,根据设计计算准则求出零件的主要尺寸,考虑热处理及结构工艺性要求等。

④ 进行结构设计。

⑤ 绘制零件工作图,制定技术要求,编写设计计算说明书及有关技术文件。

对于不同的零件和不同的工作条件,以上这些步骤可能有所不同。此外在设计过程中这些步骤又是相互交错、反复进行的。

三、机械零件的失效形式及设计计算准则

零件丧失预定功能或预定功能指标降低到许用值以下的现象,称为机械零件的失效。由于强度不够引起的破坏是最常见的零件失效形式,但并不是零件失效的唯一形式。进行机械零件设计时必须根据零件的失效形式分析失效的原因,提出防止或减轻失效的措施,根据不同的失效形式提出不同的设计计算准则。

1. 失效形式

机械零件最常见的失效形式大致有以下几种情况。

(1) 断裂

机械零件的断裂通常有以下两种情况:① 零件在外载荷作用下,某一危险截面上的应力超过零件的强度极限时将发生断裂(如螺栓的折断)。

② 零件在循环变应力的作用下,危险截面上的应力超过零件的疲劳强度而发生疲劳断裂(如齿轮的断裂)。

(2) 过量变形

当零件上的应力超过材料的屈服极限时,零件将发生塑性变形。当零件的弹性变形量过大时也会使机械不能正常工作,如机床主轴的过量弹性变形会降低机床的加工精度。

(3) 表面失效

表面失效主要有疲劳点蚀、磨损、压溃和腐蚀等形式。表面失效后通常会增加零件的磨损,使零件尺寸发生变化,最终造成零件的报废。

(4) 破坏正常的工作条件引起的失效

有些零件只有在一定的工作条件下才能正常的工作,否则就会引起失效,如皮带传动因为过载会打滑,使传动不能正常工作。

2. 机械零件的设计准则

同一零件对于不同的失效形式的承载能力也各不相同。根据不同失效原因建立起来的工作能力判定条件,称为设计计算准则。主要是下面两种。

(1) 强度准则

强度是零件应满足的基本要求。强度是指零件在载荷作用下抵抗断裂、塑性变形及表面失效(磨粒磨损、腐蚀除外)的能力。强度可分为整体强度和表面强度(接触与挤压)两种。

整体强度的判定准则:零件在危险截面处的最大应力(σ、τ)不应超过允许的限度(即许用应力,用 $[\sigma]$ 或 $[\tau]$ 表示),即

$$\sigma \leqslant [\sigma]$$

或

$$\tau \leqslant [\tau]$$

表面接触强度的判定准则：在反复接触应力作用下，零件在接触处的接触应力 σ_H 应该小于或等于许用接触应力值 $[\sigma_H]$，即

$$\sigma_H \leqslant [\sigma_H]$$

对于受挤压的表面，挤压应力不能过大，否则会发生表面塑性变形、表面压溃等。挤压强度的判定准则为：挤压应力 σ_{bs} 应小于或等于许用挤压应力 $[\sigma_{bs}]$，即

$$\sigma_{bs} \leqslant [\sigma_{bs}]$$

（2）刚度准则

刚度是指零件受载后抵抗弹性变形的能力，其设计计算准则为：零件在载荷作用下产生的弹性变形量应小于或等于机器工作性能允许的极限值。

四、机械零件的常用材料与结构工艺性

1. 机械零件的常用材料

机械零件的常用材料有碳素结构钢、合金钢、铸铁、有色金属、非金属材料及各种复合材料。其中碳素结构钢和铸铁应用最广。

2. 材料的选择原则

（1）满足使用性能要求；

（2）有良好的加工工艺性；

（3）选择材料要综合考虑经济性要求。

3. 机械零件的结构工艺性

机械零件良好的工艺性是指：在一定的生产规模和生产条件下，能用最少的时间和最小的劳动量以及用一般的加工方法将零件制造出来，而且装配方便。机械零件工艺性能的好坏取决于零件的结构，所以又称为结构工艺性。零件的制造过程一般包括毛坯生产、切削加工、热处理和装配等阶段，各阶段对零件的结构要求互相联系、互相影响。所以，在设计零件的结构时必须全面考虑，应使所设计的零件具有良好的工艺性。

0.3　本课程的主要内容和任务

1. 主要内容

研究机械中的常用机构、通用零件的工作原理、结构特点、运动特性、基本设计理论、计算方法；零部件的选用原则、国家有关标准等。

2. 课程任务

通过本课程的学习，应培养学生的基本技能、综合分析和解决工程实际问题的能力；培养创新意识和团队协作精神；掌握通用零件的基本知识、分析方法、设计计算方法；常用机构的基本理论；具有运用标准、手册、图册等有关技术资料的能力。

项目一　　单缸内燃机的运动分析

单缸内燃机是一个含有平面连杆机构、凸轮机构、齿轮机构的典型机器。本项目以单缸内燃机为载体,以分析单缸内燃机的运动为项目任务,从而掌握机构的组成,机构运动简图的画法,机构自由度的计算及机构具有确定运动的条件。进而能具体分析工程实际中的常用机构组成、特性及必要的设计。

能力目标

(1)根据机构组成的知识,能绘制各种机构的运动简图,计算自由度,并能判断机构的运动是否确定;

(2)根据机构的组成及特性,能对平面连杆机构和凸轮机构进行运动分析;

(3)根据图解法设计原理,能绘制平面凸轮的轮廓曲线。

知识目标

(1)了解机械的组成、凸轮机构中从动件的常用运动规律;

(2)熟悉极限位置、极位夹角、行程速比系数等概念;

(3)熟悉运动副、自由度、约束的概念;

(4)掌握机构运动简图的绘制方法及机构自由度的计算;

(5)掌握平面四杆机构的基本型式及其特性与其演化,

(6)掌握凸轮机构的基本类型、应用及凸轮轮廓的图解法设计。

素质目标:

(1)规范 —— 作为通用零件设计,设计图纸要符合制图标准,参数的选用也要符合国家或行业标准;

(2)严谨 —— 设计计算不能出现差错,必要的校核计算一定要进行;

(3)敬业 —— 设计的产品必须满足使用性要求,反复比各种方案,选出最优设计结果;

(4)安全经济 —— 设计成果可靠、实用、低成本;

(5)创新和质量改善 —— 设计成果要适应行业发展趋势,具有设计特色。

(6)职业道德 —— 不能从网络下载、复制、抄袭其他已经是成果的设计;

(7)团队协作 —— 在方案确定,要充分听取团队成员的意见,并与之进行充分沟通和协商。

子项目 1 单缸内燃机中的机构运动条件分析

能力目标

根据机构组成的知识,能绘制各种机构的运动简图,计算自由度,并能判断机构的运动是否确定;

知识目标

(1) 了解机构组成;

(2) 掌握平面机构运动简图的绘制及自由度的计算;

(3) 掌握机构是否有确定运动的条件。

素质目标

(1) 培养严谨的工作态度,提高职业道德素质;

(2) 培养良好的性格特征,使其具有稳定乐观的情绪。

1.1.1 任务导入

图 1-1-1 所示为单缸内燃机的汽缸机构,气缸内燃气膨胀推动活塞做功,再通过曲柄连杆机构输出机械功,从而实现发动机的往复运动。画出运动简图并计算出机构的自由度,判明机构是否有确定的运动。

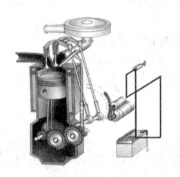
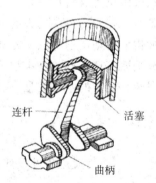

连杆　　活塞　　曲柄

图 1-1-1 单缸内燃机汽缸机构

1.1.2 相关知识

一、机构的组成

1. 运动副:

两个构件直接接触并产生某些相对运动的可动连接,称为运动副。

两个构件上参加接触的运动副表面称运动副元素,运动副的元素是点、线、面。

平面运动副:两构件相对运动为平面运动的运动副(低副、高副)

低副:面接触的运动副(回转副、移动副)如图1-1-2(a)、(b)所示。

高副:点、线接触的运动副,如图1-1-3所示的齿轮副和凸轮副。

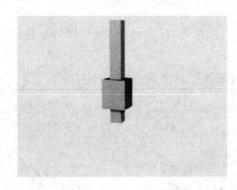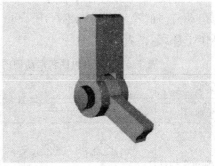

图1-1-2　低副

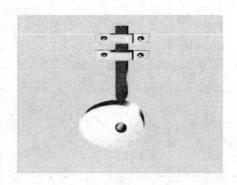

图1-1-3　高副

2. 构件

机构的构件有三类:

(1) 机架:固定不动的构件。

(2) 原动件:机构中按给定的已知运动规律独立运动的构件。

(3) 从动件:其余活动构件。

二、机构运动简图

1. 机构运动简图的定义:

在研究机构运动特性时,为使问题简化,可不考虑构件和运动副的实际结构,只考虑与运动有关的构件数目、运动副类型及相对位置。用简单的线条和规定的符号代表构件和运动副,并按比例定出各运动副的相对位置。这种能表达机构运动情况的简单图形称为机构运动简图。不严格按比例绘制的机构运动简图称为机构示意图。

2. 机构运动简图的作用:

(1) 可以简明地表达一部复杂机器的传动原理。

(2) 机构运动简图能反映出机构的运动特性。可以用来进行机构的结构、运动及动力分析。

（3）可以在研究各种不同的机械运动时起到举一反三的效果。例如：活塞式内燃机，空气压缩机和冲床，尽管它们的外形和功用各不相同，但它们的主要传动机构都是曲柄滑块机构，可以用同一种方法研究它们的运动。

3. 平面机构运动简图的符号表达

机构运动简图的符号已有标准（GB 4460—1984），该标准对运动副、构件及各种机构的表示符号作了规定，见表1-1。

表 1-1　常用构件和运动副的简图符号（摘自 GB 4460—1984）

名称		简图符号	名称		简图符号
机架	轴、杆		构件	机架	
	三副元素构件	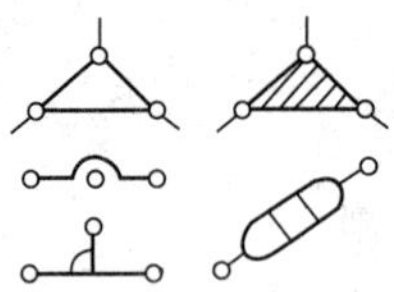		机架是转动副的一部分	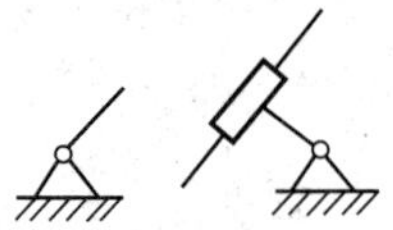
	构件的永久连接	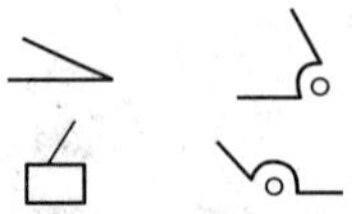		机架是移动副的一部分	
平面低副	转动副		平面高副	齿轮副 外啮合 内啮合	
	移动副	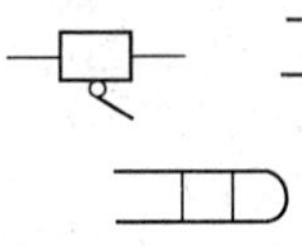		凸轮副	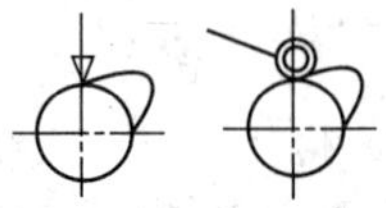

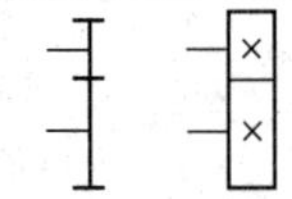

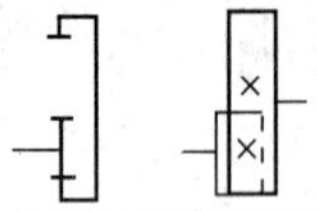

4. 绘制机构运动简图的方法和步骤：

第一步：通过观察和分析机械的运动情况和实际组成，先搞清机械原动部分和执行部分，然后循着运动传递的路线分析，查明组成机构的构件数目和各构件之间组成的运动副的类别、数目及各运动副的相对位置。

第二步：恰当地选择投影面。选择时应以能简单、清楚地把机构的运动情况表示出来为原则。一般选机构中的多数构件的运动平面为投影面。

第三步：选取适当的比例尺。根据机构的运动尺寸，先确定出各运动副的位置（如转动副的中心位置、移动副的导路方位及高副的接触点的位置等），并画上相应的运动副符号，然后用简单线条或几何图形连接起来，最后要标出构件序号及运动副的代号字母，以及标出原动件的转向箭头。

三、平面机构的自由度

1. 自由度的计算

1）自由度：运动构件相对于参考系所具有的独立运动的数目，称为构件的自由度。

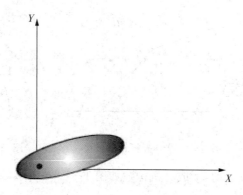

图 1-1-4 参考系

2) 约束：当两构件组成运动副后，它们之间的某些相对运动受到限制，对于相对运动所加的限制称为约束。每加上一个约束，自由构件便失去一个自由度。

3) 平面机构自由度的计算

机构的自由度取决于活动构件的数目、联接各构件的运动副的类型和数目。设一个平面机构中除去机架时，其余活动构件的数目为 n 个。而一个不受任何约束的构件在平面中有三个自由度，故一个机构中活动构件在平面共具有 $3n$ 个自由度。当两构件连接成运动副后，其运动受到约束，自由度将减少。自由度减少的数目，应等于运动副引入的约束数目。由于平面机构中的运动副只可能是高副或低副，其中每个低副引入的约束数为 2，每个高副引入的约束数为 1。因此，对于平面机构，若各构件之间共构成了 P_L 个低副和 P_H 个高副，则它们共引入 $(2P_L + P_H)$ 个约束。

机构的自由度 F 应为：$F = 3n - 2P_L - P_H$。

由公式可知，机构自由度 F 取决于活动构件的数目以及运动副的性质和数目。

2. 具有确定相对运动的条件

例如图 1-1-5 由度为：$F = 3n - 2P_L - P_H = 3 \times 2 - 2 \times 3 - 0 = 0$，它的各杆件之间不可能产生相对运动。

例如图 1-1-6 机构其自由度为：$F = 3n - 2P_L - P_H = 3 \times 4 - 2 \times 5 - 0 = 2$，原动件数＜机构自由度数，机构运动不确定，表现为任意乱动。

例如图 1-1-7 构其自由度为：$F = 3n - 2P_L - P_H = 3 \times 3 - 2 \times 4 - 0 = 1$。原动件数＝机构自由度，机构有确定的运动。

机构都是由机件和运动副组成的系统，机构要实现预期的运动传递和变换，必须使其运动具有可能性和确定性。如图 1-1-5 所示，由 3 个构件通过 3 个转动副联接而成的系统就没有运动的可能性。如图 1-1-6 所示的五杆系统，若取构件 1 作为主动件，当给定角度时，构件 2、3、4 既可以处在实线位置，也可以处在虚线或其他位置，因此，其从动件的位置是不确定的。但如果给定构件 1、4 的位置参数，则其余构件的位置就都被确定下来。如图 1-1-7 的四杆机构，当给定构件 1 的位置时，其他构件的位置也被相应确定。

由此可见，机构要能运动，它的自由度必须大于零，机构的自由度表明机构具有的独立运动数。

机构具有确定运动的条件是：原动件数目应等于机构的自由度数目。

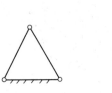

图 1-1-5　桁架　　　图 1-1-6　五杆铰链机构　　　图 1-1-7　平面四杆机构

$F \leqslant 0$，构件间无相对运动，不成为机构。如图 1-1-8 所示。

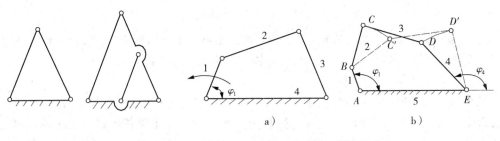

a）　　　　　　　　　b）

图 1-1-8　固定机构　　　　　图 1-1-9　可动机构

$$F\begin{cases} 原动件数 = F，运动确定 & 如图 1-1-9(a) 所示；\\ 原动件数 < F，运动不确定 & 如图 1-1-9(b) 所示。\\ 原动件数 > F，机构破坏 \end{cases}$$

3. 计算平面机构自由度的注意事项

（1）复合铰链

定义：两个以上构件在同一处以转动副相连接，所构成的运动副称为复合铰链。如图 1-1-10 所示。

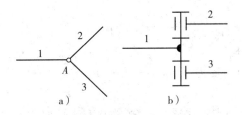

a）　　　　　　b）

图 1-1-10　复合铰链

解决问题的方法：若有 K 个构件在同一处组成复合铰链，则其构成的转动副数目应为 $(K-1)$ 个。

在（图 1-1-11）机构中，$n = 5，P_L = 7，P_H = 0$，其自由度为：

$$F = 3n - 2P_L - P_H = 3 \times 5 - 2 \times 7 - 0 = 1$$

（2）局部自由度

定义：若机构中某些构件所具有的自由度仅与其自身的局部运动有关，并不影响其他构件的运动,则称这种自由度为局部自由度。

局部自由度经常发生的场合:滑动摩擦变为滚动摩擦时添加的滚子,如图1-1-12(a)中的滚子。

解决的方法:计算机构自由度时,设想将滚子与安装滚子的构件固结在一起,视为一个构件,如图1-1-12(b)在机构中,$n=2$,$P_L=2$,$P_H=1$,其自由度为:

$F=3n-2P_L-P_H=3\times2-2\times2-1=1$。即此凸轮机构中只有一个自由度。

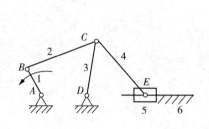

图1-1-11 复合铰链

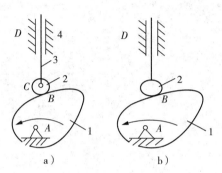

图1-1-12 局部自由度

(3)虚约束

在运动副引入的约束中,有些约束对机构自由度的影响是重复的。这些对机构运动不起限制作用的重复约束,称为消极约束或虚约束,在计算机构自由度时,应当除去不计。

图1-1-13(a)机构中,如果以 $n=4$,$P_L=6$,$P_H=0$ 来计算

则 $F=3n-2P_L-P_H=3\times4-2\times6-0=0$

显然计算结果不符合实际,其原因是,该运动链中的连杆作平移运动,因此,去掉一个构件的右图与左图的运动完全相同。这种起重复限制作用的约束称为虚约束。计算自由度时应先将产生虚约束的构件去掉,如图1-1-13(b)结果为:

$F=3n-2P_L-P_H=3\times3-2\times4-0=1$。

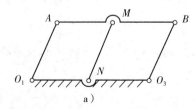 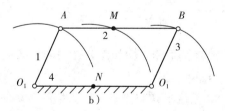

图1-1-13 重合引入虚约束

平面机构的虚约束常出现于下列情况:

(1)两个构件之间组成多个导路平行的移动副时,只有一个移动副起作用,其余都是虚约束,如图1-1-14(a)所示。

(2)在机构运动过程中,若两构件两点间的距离始终保持不变,当用构件将此两点相联,则构成虚约束,如图1-1-14(b)所示。

(3)两个构件之间组成多个轴线重合的回转副时,只有一个回转副起作用,其余都是虚

约束。如图 1-1-15(a)两个轴承支撑一根轴,只能看作一个回转副。

(4) 机构中对传递运动不起独立作用的对称部分,也为虚约束。如图 1-1-15(b)所示的轮系中,中心轮经过两个对称布置的小齿轮 2 和 2′ 驱动内齿轮 3,其中有一个小齿轮对传递运动不起独立作用。但由于第二个小齿轮的加入,使机构增加了一个虚约束。

应当注意,对于虚约束,从机构的运动观点来看是多余的,但能增加机构的刚性,改善其受力状况,因而被广泛采用。但是虚约束对机构的几何条件要求较高,因此对机构的加工和装配提出了较高的要求。

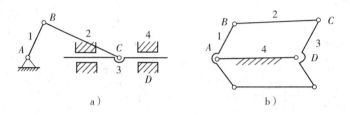

图 1-1-14   虚约束

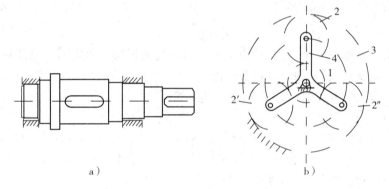

图 1-1-15   虚约束

1.1.3   示范任务

颚式破碎机主体机构如图1-1-16的所示。绘制颚式破碎机主体机构的运动简图,判断机构是否有确定运动。

解:(1)绘制颚式破碎机主体机构的运动简图

① 由图1-1-16(a)可知,颚式破碎机主体机构由机架1、偏心轴2、动颚3、肘板4组成。机构运动由带轮5输入,偏心轴2为原动件;

② 偏心轴2与机架1、偏心轴2与动颚3、动颚3与肘板4、肘板4与机架1均构成转动副,其转动中心分别为 A、B、C、D;

③ 选择构件的运动平面为视图平面,如图所示机构运动瞬时位置为原动件位置;

④ 根据实际机构尺寸及图样大小选定比例尺。根据已知运动尺寸依次确定各转动副 A、B、C、D 的位置,画上并用线段连接 A、B、C、D。用数字标注构件号,并在构件1上标注表示原动件运动方向的箭头。

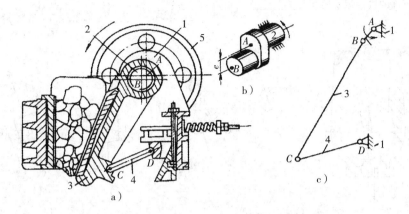

图 1-1-16　颚式破碎机主体机构

颚式破碎机主体机构的运动简图如图 1-1-16(c)

（2）机构自由度计算

如图 1-1-16(c) 所示，机构中 $n=3$　$P_L=4$　$P_H=0$，

其自由度为　$F=3N-2P_L-P_H=3\times3-2\times4-0=1$

（3）确定机构是否有确定运动

原动件的数目与机构自由度的数目相等，因而，颚式破碎机主体机构具有确定运动。

1.1.4　学练任务

如图 1-1-1 所示为单缸内燃机的汽缸机构，单缸内燃气膨胀推动活塞做功，再通过曲柄连杆机构输出机械功，从而实现柴油发动机的往复运动。画出运动简图并计算出机构的自由度，判明机构是否有确定的运动。

解：（1）绘制单缸内燃机主体机构的运动简图；

（2）机构自由度计算；

（3）确定机构是否有确定运动。

1.1.5　自测任务

一、选择题

1. 车轮在轨道上转动，车轮与轨道间构成_____。

（A）转动副　　　　　　（B）移动副　　　　　　（C）高副

2. 下列正确的机构运动简图是_____。

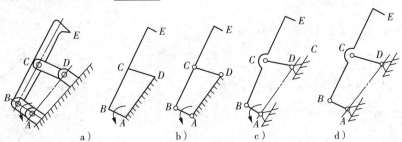

a)　　　　　　b)　　　　　　c)　　　　　　d)

3. 下列正确的机构运动简图是_____。

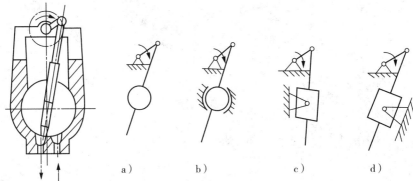

4. 平面机构中,若引入一个转动副,则将带入_____个约束,保留_____个自由度。

(A)1,2　　　　　　　(B)2,1　　　　　　　(C)1,1

5. 平面机构中,若引入一个移动副,则带入_____个约束,保留_____个自由度。

(A)2,1　　　　　　　(B)1,1　　　　　　　(C)1,1

6. 平面机构中,若引入一个高副,则带入_____个约束,保留_____个自由度。

(A)1,1　　　　　　　(B)1,2　　　　　　　(C)2,1

7. 具有确定运动的机构,其原动件数目应_____自由度数目。

(A) 小于　　　　　　　(B) 等于　　　　　　　(C) 大于

8. 当 k 个构件在一处组成转动副时,其转动副数目为_____个。

(A)k　　　　　　　(B)$k-1$　　　　　　　(C)$k+1$

9. 当机构的自由度数大于原动件数目时,机构_____。

(A) 具有确定运动　　　(B) 运动不确定　　　(C) 构件被破坏

10. 当机构的自由度小于原动件数目时,则_____。

(A) 机构中的运动副及构件被破坏　　　　　　(B) 机构运动确定

(C) 机构运动不确定

11. 若复合铰链处有 4 个构件汇集在一起,则应有个转动副。

(A)4　　　　　　　(B)3　　　　　　　(C)2

12. 在下面机构运动简图中_____,机构组成原理有错误。

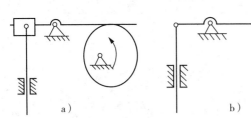
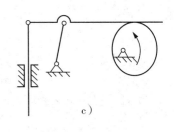

13. 在下列三种机构运动简图中,运动确定的是_____。

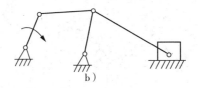
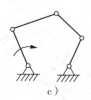

14. 若设计方案中,计算机构的自由度为 0,则可采用_____,使机构具有确定运动。

(A) 增加一个构件带一个低副　　　　　　　(B) 增加一个构件带一个高副

(C) 减少一个构件带一个低副

15. 若在设计方案中,计算机构的自由度为 2,则可采用_____,使机构具有确定运动。

(A) 增加一个原动件　　　　　　　　　　　(B) 减少一个原动件

(C) 增加一个带有 2 个低副的构件

二、判断题

(1) 两构件间凡直接接触,而又相互连接的都叫运动副。(　　)

(2) 运动副的作用,是用来限制约束构件的自由运动的。(　　)

(3) 运动副的主要特征是两个构件以点、线、面的形式相接触。(　　)

(4) 一个做平面运动的构件有 2 个独立运动的自由度。(　　)

(5) 运动副按运动形式不同分为高副和低副两类。(　　)

(6) 平面低副机构中,每个转动副和移动副所引入的约束数目是相同的。(　　)

(7) 齿轮机构组成转动副。(　　)

(8) 机构具有确定运动的充分和必要条件是其自由度大于零。(　　)

(9) 两个以上构件在同一处组成的运动副即为复合铰链。(　　)

(10) 虚约束对运动不起独立限制作用。(　　)

子项目 2　单缸内燃机中的曲柄滑块机构分析

能力目标

(1) 根据机构组成特点,能判断机构的类型;

(2) 根据子项目 1 知识,能绘制平面连杆机构的运动简图,计算平面连杆机构的自由度;

(3) 根据机构的组成及特性,能对平面连杆机构进行运动分析。

知识目标

(1) 了解铰链四杆机构的基本类型及运动特性;

(2) 熟悉铰链四杆机构的演化及演化后的机构型式;

(3) 掌握铰链四杆机构基本性质和类型判别方法。

素质目标

(1) 培养学生求知欲、合作能力及协调能力;

(2) 培养学生的观察和分析能力;

(3) 引导学生思考、启发学生提问、训练自学方法。

1.2.1　任务导入

如图 1-2-1 所示为单缸内燃机的汽缸机构,分析气缸内燃机运动,气缸内燃机的主要运动构件曲柄、连杆和活塞组成了哪种类型的运动机构?

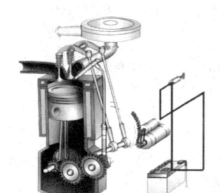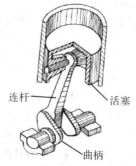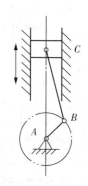

图 1-2-1　单缸内燃机汽缸机构

1.2.2　相关知识

一、平面连杆机构

1. 铰链四杆机构的组成和基本形式

（1）铰链四杆机构的组成

铰链四杆机构是由转动副将4个构件的头尾联接起的封闭四杆系统,并使其中一个构件固定而组成。如图1-2-2所示,固定不动的构件是机架,4与机架相连的构件1和3称为连架杆,不与机架相连的构件2称为连杆,根据连杆架运动的形式不同,铰链四杆机构分为三种形式。

（2）铰链四杆机构的基本形式

① 曲柄摇杆机构

两个连杆架中一个是曲柄而另一个是摇杆的铰链四杆机构称曲柄摇杆机构。如图1-2-3所示。

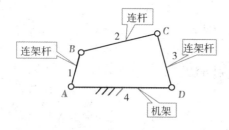

图 1-2-2　四杆机构

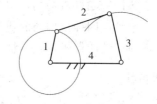

图 1-2-3　曲柄摇杆机构

- 结构特点:连架杆1为曲柄,3为摇杆。
- 运动变换:转动⇔摇动。
- 举例:如图1-2-4缝纫机驱动机构,如图1-2-5雷达天线机构。

② 双曲柄机构

两个连杆都是曲柄的铰链四杆机构称为双曲柄机构。在双曲柄机构中,两曲柄可分别

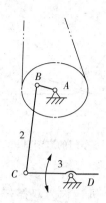

图1-2-4 缝纫机驱动机构

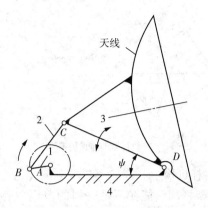

图1-2-5 雷达天线机构

作主动件,一般情况下当主动曲柄等速转动时,从动曲柄作变速转动。如图1-2-6所示惯性筛的工作机构原理,是双曲柄机构的应用实例。由于从动曲柄3与主动曲柄1的长度不同,故当主动曲柄1匀速回转一周时,从动曲柄3作变速回转一周,机构利用这一特点使筛子6作加速往复运动,提高了工作性能。

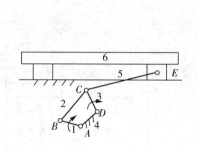

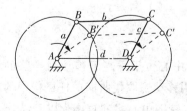

图1-2-6 惯性筛

当两曲柄的长度相等且平行布置时,成了平行双曲柄机构,如图1-2-7所示为正平行双曲柄机构,其特点是两曲柄转向相同和转速相等及连杆作平动,因而应用广泛。

火车驱动轮联动机构利用了同向等速的特点如图1-2-8;如图1-2-9为逆平行双曲柄机构,具有两曲柄反向不等速的特点,车门的启闭机构利用了两曲柄反向转动的特点,如图1-2-10所示。

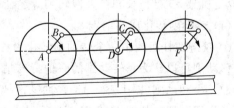

图1-2-7 正平行双曲柄机构

图1-2-8 火车驱动轮联动机构

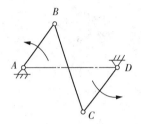

图 1-2-9 逆平行双曲柄机构

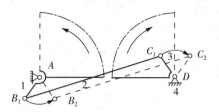

图 1-2-10 车门的启闭机构

③ 双摇杆机构

两根连架杆均只能在不足一周的范围内运动的铰链四杆机构称为双摇杆机构。如图 1-2-11所示为港口用起重机吊臂结构原理。其中,$ABCD$ 构成双摇杆机构,AD 为机架,在主动摇杆 AB 的驱动下,随着机构的运动连杆 BC 的外伸端点 E 获得近似直线的水平运动,使吊重能作水平移动而大大节省了移动吊重所需要的功率。

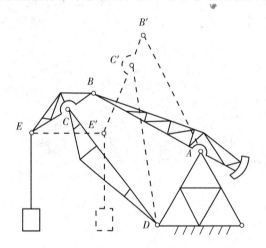

图 1-2-11 港口用起重机吊臂结构

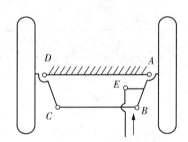

图 1-2-12 汽车前轮转向机构

在双摇杆机构中,若两杆长度相等,则形成等腰梯形机构,如图1-2-12所示的汽车前轮转向机构。

2. 铰链四杆机构的演化

铰链四杆机构可以演化为其他型式的四杆机构。演化的方式通常采用移动副取代转动副、变更机架、变更杆长和扩大回转副等途径。

(1)转动副转化成移动副

① 铰链四杆机构中一个转动副转化为移动副

移动副可以认为是转动副的一种特殊情况,即转动中心位于垂直于移动副导路的无限远处的一个转动副(图 1-2-13)。曲柄滑块机构就是用移动副取代曲柄摇杆机构中的转动副而演化得到的。如图 1-2-13a所示的曲柄摇杆机构,铰链中心 C 的轨迹为以 D 为圆心和 CD 为半径的圆弧 $m-m$。若 CD 增至无穷大,则如图 1-2-13c所示,C 点轨迹变成直线。于是摇杆 3 演化为直线运动的滑块,转动副 D 演化为移动副。

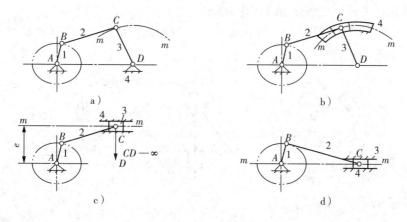

图 1-2-13 铰链四杆机构演化

曲柄滑块机构根据滑块移动轨道中心是否通过曲柄回转中心,可将曲柄滑块机构分为两类。即,如图 1-2-14(a) 所示的为没有偏距的对心曲柄滑块机构;如图 1-2-14(b) 所示的有偏距 e 的偏置曲柄滑块机构。

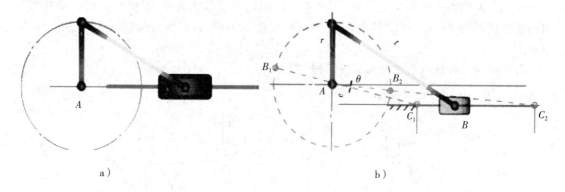

图 1-2-14 曲柄滑块机构

曲柄滑块机构广泛应用于活塞式内燃机(图 1-2-15)、冲床等机械中(图 1-2-16)。

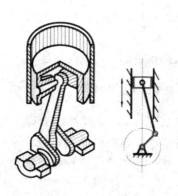

图 1-2-15 活塞式内燃机

图 1-2-16 冲床

② 铰链四杆机构中二个转动副转化为移动副

两个移动副不相邻,如图 1-2-14(b)所示。这种机构从动件 3 的位移与原动件转角的正切成正比,故称为正切机构。

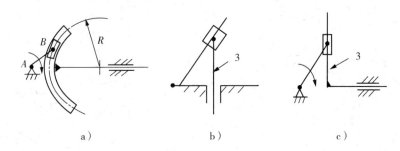

图 1-2-14　不相邻两个移动副

两个移动副相邻,且其中一个移动副与机架相关联,如图 1-2-14(c)所示。这种机构从动件 3 的位移与原动件转角的正弦成正比,故称为正弦机构。

（2）取不同构件为机架

对一个曲柄摇杆机构变更机架,该机构可以演化为双曲柄机构、双摇杆机构。同样,对曲柄滑块机构变更机架,可以演化为导杆机构,摇动滑块机构,定滑块机构。如图 1-2-15 所示。

滑块机构导杆机构摇块机构定块机构

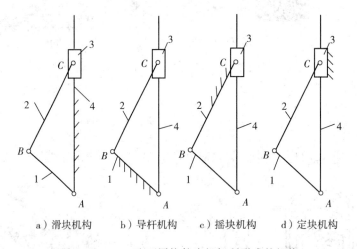

a）滑块机构　　b）导杆机构　　c）摇块机构　　d）定块机构

图 1-2-15　取不同构件为机架所形成的机构

导杆机构中,根据机架与曲柄的长度 L_1、L_2 的关系不同,导杆机构又可分为两类:若杆长 $L_1 < L_2$,杆 2 作整周回转时,杆 4 也作整周回转,这种导杆机构称为转动导杆机构,如图 1-2-16 所示;若杆长 $L_1 > L_2$,杆 2 作整周回转时,杆 4 只能绕 A 点作往复摆动,这种导杆机构称为摆动导杆机构,如图 1-2-17 所示。

导杆机构在工程实践中常用作刨床等机构。如图 1-2-18 所示的简易刨床转动导杆机构图,如图 1-2-19 所示的牛头刨床摆动导杆机构。

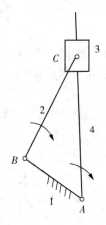

图 1-2-16　转动导杆机构

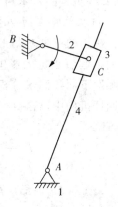

图 1-2-17　摆动导杆机构

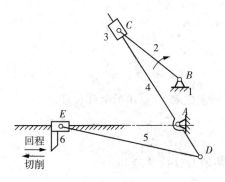

图 1-2-18　简易刨床转动导杆机构图

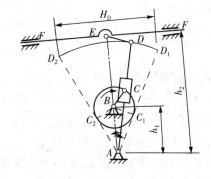

图 1-2-19　牛头刨床摆动导杆机构

摇块机构广泛应用于摆动式内燃机和液压驱动装置内。如图 1-2-20 所示的自卸料卡；车翻斗机构；定块机构常用于如图 1-2-21 所示的抽水唧筒等机构中。

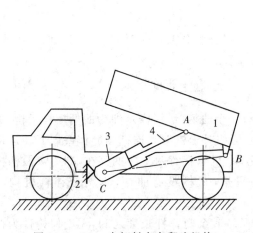

图 1-2-20　自卸料卡车翻斗机构

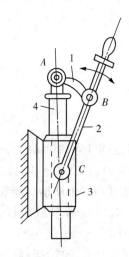

图 1-2-21　抽水唧筒

二、平面四杆机构的基本特性

1. 铰链四杆机构存在曲柄条件

铰链四杆机构的三种基本形式,区别在于有无曲柄和有几个曲柄。而四个杆相对长度对机构有无曲柄起着决定的影响,铰链四杆机构的三种基本形式与机构中四个杆相对长度有怎样关系呢?下面我们来分析。

在铰链四杆机构中,若 AB 为曲柄、BC 为连杆、CD 为摇杆、AD 为机架。各杆长度分别为 L_1、L_2、L_3、L_4。

在 $\triangle B'C'D$ 中　　$l_1 + l_4 \leqslant l_2 + l_3$

在 $\triangle B''C''D$ 中　　$l_4 - l_1 + l_3 \geqslant l_2$

　　　　　　　　　　$l_4 - l_1 + l_2 \geqslant l_3$

经整理得:

$$l_1 + l_4 \leqslant l_2 + l_3 \tag{a}$$

$$l_1 + l_3 \leqslant l_2 + l_4 \tag{b}$$

$$l_1 + l_2 \leqslant l_3 + l_4 \tag{c}$$

上式两两相加得　　　$L_1 \leqslant L_3$　　　$L_1 \leqslant L_4$　　　$L_1 \leqslant L_2$ 　　(d)

由(a)、(b)、(c)三式可知,最短杆与是长杆长度之和小于其于两杆长度之和;由(d)可知曲柄为最短杆。

由此可得曲柄存在的必要条件是:

(1)最短杆与最长杆长度之和小于或等于其余两杆长度之和;

(2)最短杆是连架杆或机架。

进一步分析,在满足杆长条件下,若取不同的构件为机架机构如何变化呢?

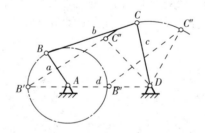

图 1-2-22　曲柄摇杆机构

若取最短杆相邻的杆为机架,机构只有一个曲柄(最短杆),即为曲柄摇杆机构,如图 1-2-23(a)(c);若取最短杆自已为机架,因曲柄相对于机架和连杆均能作整周回转运动,所以机架和连杆相对于曲柄也能作整周回转运动,机构就有两个曲柄存在,即为双曲柄机构,如图 1-2-23(b);若取最短杆对面的杆为机架,机构没有曲柄,即为双摇杆机构,如图 1-2-23(d)。

不满足杆长条件,即:最短杆+最长杆 > 其余两杆杆长度之和,无论何构件为机架,均为双摇杆机构。

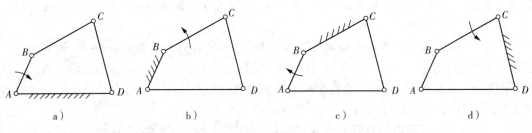

图 1-2-23 不同构件为机架

2. 急回特性

在曲柄摇杆机构中,AB 为曲柄是原动件等角速度转动,BC 为连杆,CD 为摇杆,当 CD 杆处于 C_1D 位置为初始位置,C_2D 为终止位置,摇杆在两极限位置之间所夹角度称为摇杆的摆角,用 ψ 表示。

图 1-2-24 所示,当曲柄 AB 以等角速度顺时针从 AB_1 转到 AB_2,转过角度为:$\varphi_1 = 180° + \theta$,摇杆 CD 由 C_1D 摆动到 C_2D 位置时,所需时间为 t_1,平均速度为:

$$v_1 = \frac{C_1C_2}{t_1}$$

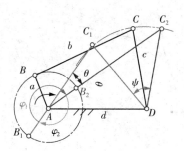

图 1-2-24 曲柄摇杆机构

当曲柄 AB 以等角速度顺时针从 AB_2 转到 AB_1,转过的角度为:

$\varphi_2 = 180° - \theta$,摇杆 CD 由 C_2D 摆回到 C_1D 位置时,所需时间为 t_2,平均速度为

$$v_2 = \frac{C_2C_2}{t_2}$$

由于曲柄 AB 等角速度转动,所以 $\varphi_1 > \varphi_2, t_1 > t_2$,因此,$v_2 > v_1$

由此可见,主动件曲柄 AB 以等角速度转动时,从动件摇杆 CD 往复摆动的平均速度不相等。往往我们把进程平均速度定为 V_1,而空行程返回速度则为 V_2,显而易见,从动件反回程速度比进程速度快。这个性质称为机构的急回特性。我们把回程平均速度与进程平均速度之比称为速度变化系数,也称为行程速比系数,用 K 表示:

$$K = \frac{v_2}{v_1} = \frac{C_1C_2/t_2}{C_1C_2/t_1} = \frac{t_1}{t_2} = \frac{\varphi_1}{\varphi_2} = \frac{180° + \theta}{180° - \theta} \text{ 或 } \theta = 180° \frac{K-1}{K+1}$$

式中,θ 称为极位夹角,即摇杆在两个极限位置时,曲柄对应位置之间所夹锐角,如图 1-

2-24 所示。θ 表示了急回程度的大小。θ 越大,急回程度越强;$\theta=0$,机构无急回特性。

3. 压力角与传动角

在生产中,不仅要求连杆机构能实现预定的运动规律,而且希望运转轻便,效率较高。曲柄摇杆机构,如不计各杆质量和运动副中的摩擦,则连杆 BC 为二力杆,它作用于从动摇杆 CD 上的力 P 是沿 BC 方向的。作用在从动件上的驱动力 P 与该力作用点绝对速度 v_c 之间所夹的锐角 α 称为压力角,如图 1-2-25 所示。

可见,力 P 在 v_c 方向的有效分力为 $P_t=P\cos\alpha$,这说明压力角越小,有效分力就越大。也即是说,压力角可作为判断机构传动性能的标志。在连杆设计中,为了度量方便,习惯用压力角 α 的余角 γ(即连杆和从动摇杆之间所夹的锐角)来判断传力性能,γ 称为传动角。因 $\gamma=90°-\alpha$,所以 α 越小,γ 越大,机构传力性能越好;反之,α 越大,γ 越小,机构传力越费劲,传动效率越低。

机构运转时,传动角是变化的,为了保证机构正常工作,必须规定最小传动角 γ_{min}。对于一般工,通常取 $\gamma_{min} \geq 40°$;对于颚式破碎机、冲床等大功率机械,最小传动角应当取大一些,可取 $\gamma_{min} \geq 50°$;对于小功率的控制机构和仪表,γ_{min} 可略小于 $40°$。

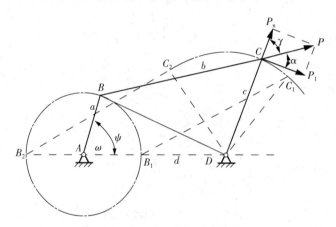

图 1-2-25　曲柄摇杆机构

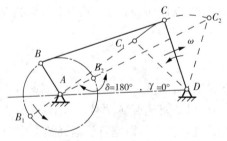

图 1-2-26　铰链四杆机构死点位置

4. 死点位置

在曲柄摇杆机构中,图 1-2-26 当摇杆 CD 为主动件、曲柄 AB 为从动件时,当连杆 BC 与曲柄 AB 处于共线位置时,连杆 BC 与曲柄 AB 之间的传动角 $\gamma=0°$,压力角 $\alpha=90°$,这时无论连杆 BC 给从动件曲柄 AB 的力多么大曲柄 AB 不动,机构所处的这种位置称为死点位置。

例如在家用缝纫机的踏板机构中就存在死点位置。机构存在死点位置是不利的,对于连续运转的机器,采取以下措施使机构顺利地通过死点位置。

(1)利用从动件的惯性顺利地通过死点位置。家用缝纫机的踏板机构中大带轮就相当于飞轮,利用惯性通过死点,如图 1-2-27 所示为缝纫机的踏板机构。

(2)采用错位排列地方式顺利地通过死点位置,例如图 1-2-28V 型发动机。

图 1-2-27　缝纫机的踏板机构

图 1-2-28　V 型发动机

有时可利用死点位置实现某种功能。如图 1-2-29 所示的夹具,当工件与被夹紧后,四杆机构的铰链中心,B、C、D 处于同一条直线上,工件经杆 1 给杆 2 传给杆 3 的力,通过回转中心 D 此力不能使杆 3 转动,因此当 P 去掉后仍能夹紧工件。如图 1-2-30 为飞机起落架机构,当飞机准备着陆时,机轮被放下,此时 B_1C_1 杆与 AB_1 杆共线,机构处于死点位置。当飞机着陆时,使机轮能够承受来自地面的巨大冲击力,保证 C_1D 杆不会转动,使飞机的降落安全可靠。

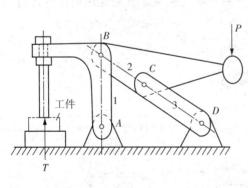

图 1-2-29　压紧机构

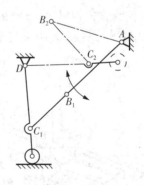

图 1-2-30　飞机起落架机构

1.2.3　示范任务

1. 图 1-2-31 所示为牛头刨床外形图及横向进给机构运动简图。

当牛头刨床工作时,滑枕做直线往复的切削运动,工作台做横向进给运动,当切削运动和进给运动恰当的配合起来时,便可实现其刨削平面的功能。为了实现工作台的进给运动,牛头刨床的横向进给机构采用了哪种类型的运动机构?

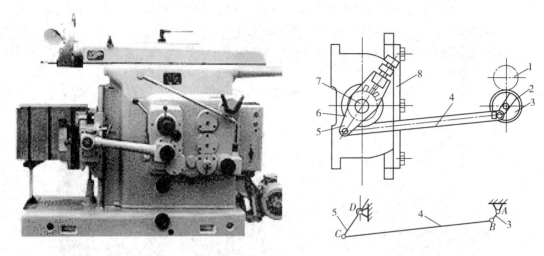

图 1-2-31　牛头刨床的横向进给机构

分析:在牛头刨床的横向进给机构中,齿轮 1 带动齿轮 2 及与齿轮 2 同轴的销盘 3 转动,连杆 4 使带有棘爪的摇杆 5 往复摆动,再通过固定在棘轮 6 上的丝杠 7 完成单向间歇进给运动。

运用上述相关知识,我们来分析该机构的类型。给定各杆尺寸分别是:

$AB = 35 \mathrm{mm}, BC = 350 \mathrm{mm}, CD = 65 \mathrm{mm}, AD = 330 \mathrm{mm}$。

由已知条件可知:最短杆 $AB = 35 \mathrm{mm}$,最长杆 $BC = 350 \mathrm{mm}$。

因为:$35 + 350 < 65 + 330$

即:$AB + BC < CD + AD$

又因为该机构以 AD 杆(最短杆的邻边)作为机架所以此机构为曲柄摇杆机构。

2. 图 1-2-32 为牛头刨床主体机构运动简图,分析其运动。

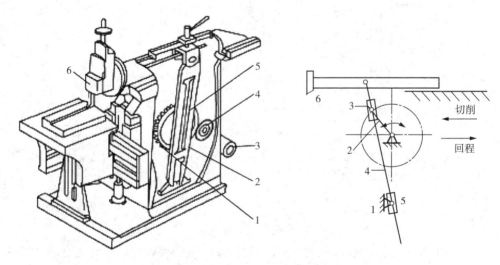

图 1-2-32　牛头刨床主体机构

分析：

电动机通过带传动使小齿轮4带动大齿轮1（曲柄）转动，大齿轮1的侧面利用销轴装有滑块5，当滑块5随大齿轮1转动时，导杆2作往复摆动，使刨头作往复直线移动，从而使刨刀6产生刨削动作；主运动采用了摆动导杆机构。

1.2.4　学练任务

分析气缸内燃机运动，气缸内燃机的主要运动构件曲柄、连杆和活塞组成了哪种类型的运动机构？

分析：

判断：

1.2.5　拓展任务

一、平面四杆机构的设计

一般可归纳为两类问题：

（1）实现给定的运动规律。如要求满足给定的行程速度变化系数以实现预期的急回特性或实现连杆的几个预期的位置；

（2）实现给定的运动轨迹。如要求连杆上的某点具有特定的运动轨迹，如起重机中吊钩的轨迹为一水平直线等。

连杆机构的设计方法有图解法、解析法、实验法。

用图解法设计四杆机构

1. 按给定的行程速度变化系数设计四杆机构

例1：设已知行程速度变化系数 K、摇杆长度 L_{CD}、最大摆角 ψ，试用图解法设计此曲柄摇杆机构。

解：图形分析：由曲柄摇杆机构处于极位时的几何特点我们已经知道，在已知 L_{CD}、ψ 的情况下，只要能确定固定铰链中心 A 的位置，则可由确定出曲柄的长和连杆的长度，即设计的实质是确定固定铰链中心 A 的位置。这样就把设计问题转化为确定 A 点位置的几何问题了。

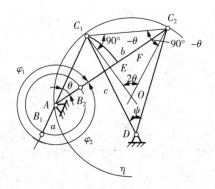

图 1-2-33　定的行程速度变化系数

设计步骤：

（1）计算出极位夹角 θ；

（2）任取适当的长度比例尺 μ_L，求出摇杆的尺寸 CD，根据摆角作出摇杆的两个极限位置 C_1D 和 C_2D；

（3）连接 C_1C_2 为底边，作 $\angle C_1C_2O = \angle C_2C_1O = 90° - \theta$ 的等腰三角形，以顶点 O 为圆心，C_1O 为半径作辅助圆，可知，此辅助圆上 C_1C_2 所对的圆心角等于 2θ，故其圆周角为 θ；

（4）在辅助圆上任取一点 A，连接 AC_1、AC_2，即能求得满足 K 要求的四杆机构。

$$l_{AB} = \mu_L (AC_2 - AC_1)/2$$

$$l_{BC} = \mu_L (AC_2 + AC_1)/2$$

应注意：由于 A 点是任意取的，所以有无穷解，只有加上辅助条件，如机架 AD 长度或位置，或最小传动角等，才能得到唯一确定解。

由上述分析可见，按给定行程速度变化系数设计四杆机构的关键问题是：已知弦长求作一圆，使该弦所对的圆周角为一给定值。

2. 按给定连杆位置设计四杆机构

（1）按连杆的三个位置设计四杆机构

图形分析：由于连杆上的 B 点和 C 点分别与曲柄和摇杆上的 B 点和 C 点重合，而 B 点和 C 点的运动轨迹则是以曲柄和摇杆的固定铰链中心为圆心的一段圆弧，所以只要找到这两段圆弧的圆心，此设计即大功告成，由此将四杆机构的设计转化为已知圆弧上的三点求圆心的问题。

设计步骤：

（1）确定 B 点和 C 点轨迹的圆心 A 和 D（作法略）；

（2）联接 AB_1C_1D，则 AB_1C_1D 即为所要设计的四杆机构（见图 1-2-34）。

（3）量出 AB 和 CD 长度，由比例尺求得曲柄和摇杆的实际长度。

$$L_{AB} = \mu_L \times AB \qquad l_{CD} = \mu_L \times CD$$

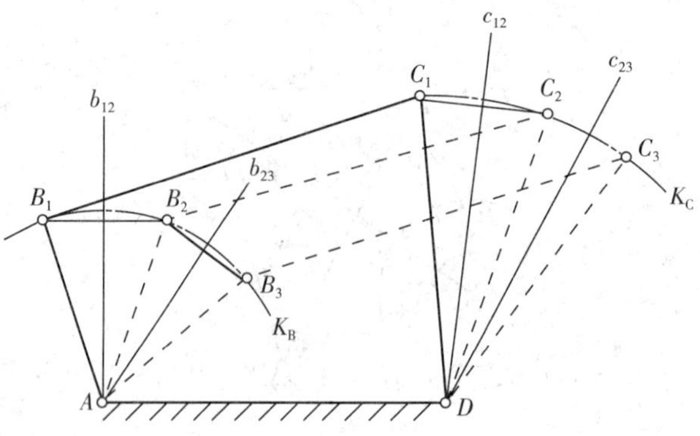

图 1-2-34 给定三个位置

（2）按连杆的两个位置设计四杆机构

下左图所示为铸工车间翻台振实式造型机的翻转机构。它是应用一个铰链四杆机构来实现翻台的两个工作位置的。在图中实线位置Ⅰ,砂箱 7 与翻台 8 固联,并在振实台 9 上振实造型。当压力油推动活塞 6 时,通过连杆 5 使摇 4 摆动,从而将翻台与砂箱转到虚线位置Ⅱ。然后托台 10 上升接触砂箱,解除砂箱与翻台间的紧固联接并起模。

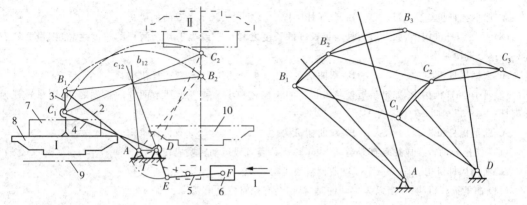

图 1-2-35 给定两个位置

今给定与翻台固联的连杆 3 的长度 $L_1 = BC$ 及其两个位置 $B_1 C_1$ 和 $B_2 C_2$,要求确定连架杆与机架组成的固定铰链中心 A 和 D 的位置,并求出其余三杆的长度 l_1、L_2、L_4。由于连杆 3 上 B、C 两点的轨迹分别为以 A、D 为圆心的圆弧,所以 A、D 必分别位于 $B_1 C_1$ 和 $B_2 C_2$ 的垂直平分线上。故可得设计步骤如下:

(1) 根据给定条件,绘出连杆 3 的两个位置 $B_1 C_1$ 和 $B_2 C_2$。

(2) 分别连接 B_1 和 B_2,C_1 和 C_2,并作 $B_1 C_1$ 和 $B_2 C_2$ 的垂直平分线 b_{12}、c_{12}。

(3) 由于 A 和 D 两点可在 b_{12} 和 c_{12} 两直线上任意选取,故有无穷多解。

在实际设计时还可以考虑其他辅助条件,例如最小传动角、各杆尺寸所允许的范围或其他结构上的要求等等。本机构要求 A、D 两点在同一水平线上,且 $AD = BC$。根据这一附加条件,即可唯一地确定 A、D 的位置,并作出所求的四杆机构 $AB_1 C_1 D$。

1.2.6 自测任务

1. 选择题

(1) 在曲柄摇杆机构中为提高机构的传力性能,应该( )。

A. 增大传动角度 γ B. 增大压力角度 α C. 增大极位夹角 θ

(2) 在铰链四杆机构中,有可能出现死点一的机构是机构( )。

A. 双曲柄   B. 双摇杆   C. 曲柄摇杆

(3) 平面四杆机构中,若存在急回运动特性,则其行程速比系数( )。

A. $K > 1$ B. $K = 1$ C. $K < 1$ D. $K = 0$

(4) 平面四杆机构中,当传动角 γ 较大时,则( )。

A. 机构的传力性能较好   B. 可以满足机构的自锁要求

C. 机构的效率较低

(5) 铰链四杆机构的最短杆与最长杆的长度之和,大于其余两杆长度之和时,机构( )。

A. 有曲柄存在   B. 不存在曲柄   C. 无法判断

(6) 平面四杆机构中,如果最短杆与最长度之和小于或等于其余两杆的长度之和,则最短杆为机架。

这个机构叫作(　　)

  A. 曲柄摇杆机构　　　　　　　B. 双摇杆机构　　　　　　　C. 双曲柄机构

(7)平面四杆机构中,如果最短杆与最长杆的长度之和大于其余两杆的长度之和,则最短杆为机架。这个机构叫作(　　)

  A. 曲柄摇杆机构　　　　　　　B. 双摇杆机构　　　　　　　C. 双曲柄机构

(8)平面四杆机构中,如果最短杆与最长杆的长度之和小于或等于其余两杆的长度之和,则最短杆为连杆。这个机构叫作(　　)

  A. 去柄摇杆机构　　　　　　　B. 双曲柄机构　　　　　　　C. 双摇杆机构

(9)平面四杆机构中,如果最短杆与最长杆的长度之和小于或等于其余两杆的长度之和,则最短杆为连架杆。这个机构叫作(　　)

  A. 曲柄摇杆机构　　　　　　　B. 双曲柄机构　　　　　　　C. 双摇杆机构

(10)能把转动转换成往复直线运动,也可以把往复直线运动转换成转动(　　)。

  A. 曲柄摇杆机构　　　　　　　B. 曲柄滑块机构　　　　　　　C. 双摇杆机构

(11)曲柄摇杆机构中,当以为主动件时,机构会有死点位置出现(　　)。

  A. 曲柄　　　　　　　　　　　B. 摇杆　　　　　　　　　　　C. 连杆

(12)曲柄摇杆机构中,当处于共线位置时,机构会出现最小传动角位置(　　)。

  A. 曲柄与连杆　　　　　　　　B. 曲柄与机架　　　　　　　　C. 摇杆与机架

(13)当平面连杆机构在死点位置时,其压力角与传动角分别为(　　)

  A. 90°、0°　　　　　　　　　　B. 0°、90°　　　　　　　　　C. 90°、90°

(14)摆动导杆机构中,当曲柄为主动件时,其导杆的传动角始终为(　　)

  A. 90°　　　　　　　　　　　　B. 0°　　　　　　　　　　　　C. 45°

2. 判断题

(1)平面连杆机构的基本形式是铰链四杆机构。(　　)

(2)在曲柄摇杆机构中,曲柄与连杆共线时,就是"死点"的位置。(　　)

(3)在平面四杆机构中,只要以最短杆作机架,就能得到双曲柄机构。(　　)

(4)极位夹角越大,机构的急回特性越显著。(　　)

(5)曲柄滑块机构中,滑块在作往复直线运动时,不会出现急回特性。(　　)

(6)各种导杆机构中,导杆的往复运动有急回特性。(　　)

(7)曲柄滑块机构能把主动件的等速转动转变成从动件的直线往复运动。(　　)

(8)在实际生产中,机构的"死点"位置对工作都是不利的,处处都要考虑克服。(　　)

(9)在曲柄长度不相等的双曲柄机构中,主动曲柄和从动曲柄都作等速运动。(　　)

(10)极位夹角是从动件两极限位置之间的夹角。(　　)

3. 简答题

(1)平面四杆机构的基本形式有哪些?试联系实际各举一应用实例。

(2)根据下图中所注明的尺寸,判别各铰链四杆机构属于哪一种基本形式。

a)　　　　　　b)　　　　　　c)　　　　　　d)

（3）以曲柄摇杆机构为例，说明什么是机构的急回特性？该机构是否一定具有急回特性？
（4）以曲柄滑块机构为例，说明什么是机构的死点位置？并举例说明克服机构死点位置的方法。

子项目3　单缸内燃机中的配气机构机构分析

能力目标

（1）根据凸轮机构的组成及特性，能对凸轮机构进行运动分析；
（2）根据图解法，能绘制平面凸轮的轮廓曲线。

知识目标

（1）了解凸轮机构的基本类型；
（2）熟悉凸轮从动件的常用运动规律；
（3）掌握图解法设计凸轮轮廓的方法

素质目标

（1）培养学生求知欲、合作能力及协调能力；
（2）培养学生的观察和分析能力；
（3）引导学生思考、启发学生提问、训练自学方法。

1.3.1　任务导入

已知内燃机配气机构对心盘形凸轮以角速度顺时针转动，其基圆半径 $r_0 = 100\,\text{mm}$，从动件的行程 $h = 50\,\text{mm}$，设计该凸轮轮廓曲线。凸轮转角如下。

凸轮转角 θ	0°～120°	120°～180°	180°～270°	270°～360°
从动件运动规律	等加速上 50 mm	停止不动	等加速减速 下降至原位置	停止不动

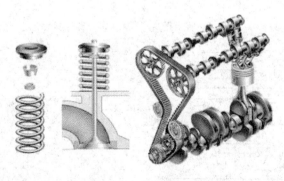

图 1-3-1　内燃机配气机构

1.3.2 相关知识

一、凸轮机构的分类

凸轮机构是凸轮、从动件和机架三部分组成的高副机构。凸轮机构应用广泛,种类繁多,通常按凸轮的形状、从动件的形状、从动件的运动形式和凸轮机构维持高副的方法分类。

1. 按凸轮形状分

(1) 盘形凸轮   是凸轮中最基本的形式,凸轮与从动件作平面运动,是平面凸轮机构,如图 1-3-2 所示。

(2) 移动凸轮   看成是回转半径无限大的盘形凸轮,也是平面凸轮机构,如图 1-2-3 所示。

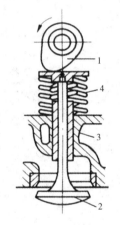

图 1-3-2   盘形凸轮

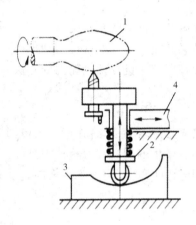

图 1-3-3   移动凸轮

(3) 圆柱凸轮   可看成是移动凸轮绕在圆柱体上演化而成,凸轮与从动件之间的相对运动为空间运动,是一种空间凸轮机构,如图 1-2-4 所示。

(4) 曲面凸轮   当圆柱表面用圆弧面代替时,就演化成曲面凸轮,它也是一种空间凸轮机构,如图 1-3-3 所示。

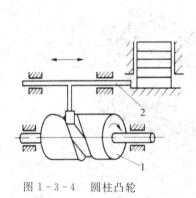

图 1-3-4   圆柱凸轮

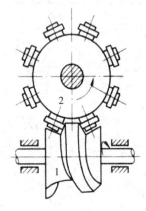

图 1-3-5   曲面凸轮

2. 按从动件型式分

(1) 尖底从动件　如图1-3-6(a)所示,尖底能与复杂的凸轮轮廓保持接触,从而实现任意预期的运动规律。但由于是点或线接触,容易产生磨损,只用于受力较小的低速凸轮机构。

(2) 滚子从动件　从动件端部装一个滚子,如图1-3-6(b)所示。滚子与凸轮间为滚动摩擦,磨损小,可承受较大载荷,缺点是凸轮上凹陷的轮廓不能与滚子很好地接触。

(3) 平底从动件　在从动件端部固定一平板,如图1-3-6(c)所示。平底与凸轮之间易形成油膜,易于润滑,适合用于高速。缺点也是凸轮上凹陷的轮廓未必能与平底很好地接触。

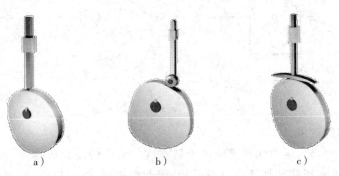

图1-3-6　不同形状从动件凸轮机构

3. 从动件的运动形式

从动件可相对于机架做往复移动或摆动,因此,按照从动件的运动形式,可分为直动从动件和摆动从动件两种。图1-3-7(a)(b)(c)所示为直动从动件,图1-3-7(d)(e)(f)所示为摆动从动件。

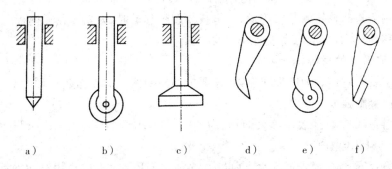

图1-3-7　不同运动形式的从动件

4. 按维持高副接触分(锁合)

(1) 力锁合的凸轮机构:靠弹簧力如图1-3-8(b、c)所示、重力如图1-3-7(a)所示等锁合的凸轮机构。

(2) 几何锁合的凸轮机构:利用凸轮与从动件构成的高副元素的特殊几何结构使凸轮与其始终保持接触,如图1-3-8(d)所示的沟槽凸轮、如图1-3-8(e)所示的等径及等宽凸轮、如图1-3-8(f)所示共轭凸轮等。

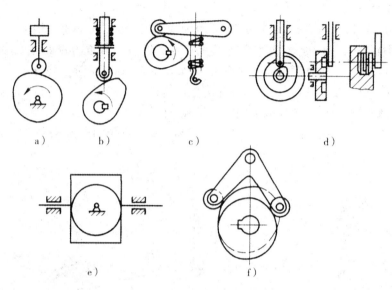

图 1 - 3 - 8　不同琐合方式的凸轮

二、凸轮机构的应用

凸轮机构是由凸轮、从动件和机架三个基本构件组成的高副机构,凸轮机构结构简单、紧凑、设计方便,可实现从动件任意预期运动,因此在机床、纺织机械、轻工机械、印刷机械、机电一体化装配中大量应用。

缺点:① 点、线接触易磨损;② 凸轮轮廓加工困难;③ 行程不大。

如图 1 - 3 - 2 所示为内燃机配气机构,盘形凸轮 1 作等速转动,通过其向径的变化可使从动杆 2 按预期规律作上、下往复移动,从而达到控制气阀开闭的目的。

如图 1 - 3 - 3 所示为靠模车削机构,工件 1 回转,凸轮 3 作为靠模被固定在床身上,刀架 2 在弹簧的作用下与凸轮轮廓紧密接触,当拖板 4 图示移动时,刀架 2 在靠模板(凸轮)曲线轮廓的推动下移动,从而切出与靠模曲线一致的工件。

三、凸轮和滚子的材料

凸轮的主要失效形式为磨损和点蚀,这要求凸轮和滚子的工作表面硬度高、耐磨并且具有足够的表面接触强度。

凸轮材料:40Cr 钢(经表面淬火,硬度为 $40 \sim 50$HRC)、20Cr、20CrMnTi(经表面淬火,硬度为 $56 \sim 62$HRC)。

滚子材料:20Cr 钢(经表面淬火,硬度为 $56 \sim 62$HRC)。有的也用滚动轴承作为滚子。

四、凸轮机构的从动件常用运动规律

1. 凸轮机构的运动分析

在凸轮机构中,凸轮轮廓曲线的形状决定了从运动件的运动规律。凸轮机构的运动分析是根据凸轮轮廓分析其从动件的位移、速度和加速度的,如图 1 - 3 - 9 所示。

以凸轮轮廓上最小向径 r_0 为半径所作的圆称为凸轮的基圆,r_0 称为基圆半径。点 A 为凸轮轮廓曲线的起始点,也是从动件所处的最低位置点。当凸轮以等角速度 ω_1 顺时针转动时,其从动件的运动过程见表 1 - 3 - 1

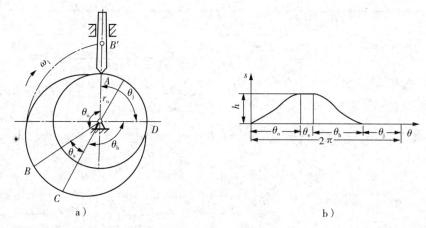

图 1-3-9 对心尖顶移动从动件盘形凸轮机构

表 1-3-1 凸轮从动件的运动过程

运动过程	运动角	运动轨迹	从动件运动方式	说明
推程	推程运动角 θ_0	弧 AB 段	上升	从运动件由最低位置点上升到最高位置点的位移称为行程
远休止过程	远休止角 θ_s	弧 BC 段	静止	
回程	回程运动角 θ_h	弧 CD 段	下降	
近休止过程	近休止角 θ_j	弧 DA 段	静止	

凸轮连续转动,从动件便重复上述升——停——降——停的过程。因此设计凸轮轮廓曲线时,首先应根据工作要求选定从运动件的运动规律,然后按从动件的位移曲线设计出相应的凸轮轮廓。

2. 从动件的常用运动规律

从动件的常用运动规律,见表 1-3-2。

表 1-3-2 从动件的常用运动规律

从动件的常用运动规律	运动方程		运动线图	
	推程	回程	推程	回程
等速运动规律	$s = \dfrac{h}{\theta_0}\theta$ $v = \dfrac{h}{\theta_0}\omega_1$ $a = 0$	$s = h\left(1 - \dfrac{h}{\theta_0}\right)$ $v = -\dfrac{h}{\theta_h}\omega_1$ $a = 0$		

（续表）

从动件的常用运动规律	运动方程		运动线图	
	推程	回程	推程	回程
等加速、等减速运动规律	推程 等加速段 $s = \dfrac{2h}{\theta_0^2}\theta^2$ $v = \dfrac{4h\omega_1}{\theta_0^2}\theta$ $a = \dfrac{4h\omega_1^2}{\theta_0^2}$	回程 等减速段 $s = h - \dfrac{2h}{\theta_h^2}\theta^2$ $v = -\dfrac{4h\omega_1}{\theta_j^2}\theta$ $a = \dfrac{4h\omega_1^2}{\theta_j^2}$		
余弦加速度运动规律（又称简谐运动规律）	$s = \dfrac{h}{2}$ $\left[1 - \cos\left(\dfrac{\pi}{\theta_0}\theta\right)\right]$ $v = \dfrac{\pi h\omega_1}{2\theta_0}\sin\left(\dfrac{\pi}{\theta_0}\theta\right)$ $a = \dfrac{\pi^2 h\omega_1^2}{2\theta_0^2}\cos\left(\dfrac{\pi}{\theta_0}\theta\right)$	$s = \dfrac{h}{2}$ $\left[1 + \cos\left(\dfrac{\pi}{\theta_h}\theta\right)\right]$ $v = \dfrac{\pi h\omega_1}{2\theta_h}\sin\left(\dfrac{\pi}{\theta_h}\theta\right)$ $a = \dfrac{\pi^2 h\omega^2}{2\theta_h^2}\cos\left(\dfrac{\pi}{\theta_h}\theta\right)$		

等速运动规律在运动过程的起点，从动件的速度突变，理论上加速度和惯性力可以达到无穷大导致机构产生强烈的冲击、噪声和磨损，称为刚性冲击。因此，等速运动规律只适用中速、轻载的凸轮机构。

等加速、等减速运动规律在运动的开始点 A、中间点 B 和终止点 C，从动件的加速度和惯性力将产生有限的突变，从而引起有限的冲击，称为柔性冲击。因此，等加速、等减速运动规律适用于中速度、中载的凸轮机构。

余弦加速度运动规律在运动的起始和终止位置，加速度曲线不连续，存在柔性冲击，用于中速的凸轮机构。但若从动件仅作升 —— 降 —— 升的连续运动（无休止），则加速度曲线变为连续曲线，无柔性冲击，可用高速的凸轮机构。

五、反转法原理绘制盘形凸轮轮廓曲线

从动件的运动规律和凸轮基圆半径确定后，即可进行凸轮轮廓设计。其设计的方法有作图法和解析法两种。只要求掌握作图法。

作图法简便易行，而且直观，但作图误差大，精度较低，适用于低速或对从动件运动规律要求不高的一般精度凸轮设计。

解析法是通过列出凸轮轮廓曲线的方程式，借助计算机辅助设计精确地设计凸轮轮廓。适用于精度要求高的高速凸轮、靠模凸轮等。

反转法原理

设计凸轮轮廓的原理是"反转法"。

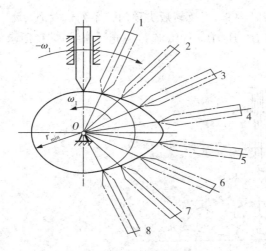

图 1-3-10　凸轮反转法绘图原理

如图 1-3-10 所示的对心直动从动件盘形凸轮机构,其中以 r_{min} 为半径的圆是凸轮的基圆。当凸轮以等角速度 ω_1 绕轴心 O 转动时,从动件按预期规律运动。现设想在整个凸轮机构(凸轮、从动件、导路)上加一个与凸轮角速度 ω 大小相等、方向相反的角速度 $-\omega$,于是凸轮静止不动,而从动件与导路一起以角速度 $-\omega$ 绕凸轮转动,且从动件仍以原来的规律相对导路移动(或摆动)。由于从动件顶尖与凸轮轮廓始终接触,所以加上反转角速度后从动件顶尖的运动轨迹就是凸轮轮廓曲线。

这种把原来转着的凸轮看成是静止不动的,而把原来静止不动的导路及原来往复移动的从动件看成为反转运动的这一原理,称为"反转法"原理。如果从动件是滚子,则滚子中心可看成是从动件的顶尖,其运动轨迹就是凸轮的理论轮廓线,凸轮的实际轮廓线是与理论轮廓线相距滚子半径 r_T 的一条等距曲线。

1.3.3　示范任务

以一对心从动件盘形凸轮机构为例。设已知凸轮的基圆半径为 $r_b=35\,mm$,$h=20\,mm$,从动件的运动规律见表,试设计凸轮的轮廓曲线。

凸轮转角 θ	0°～180°	180°～210°	210°～300°	300°～360°
从动件运动规律	等加速等减速上升	停止不动	等减速下降至原位置	停止不动

解:依据反转法原理,具体设计步骤如下:

a) 选取适当的比例作位移线图。在横坐标上将推程角 180° 进行 4 等分、对回程角 90° 进行 4 等分,得分点 1、2、…、9,休止不必取分点;在纵轴上按长度比例尺据已知运动规律作位移线图,如图 1-3-12 所示。

b) 作基圆取分点。任取一点为 O 为圆心,从 C_0 点始,按($-\omega$)方向取推程角、回程角和休止角,并分成与位移线图对应的相同等分,得等分点 C_1、C_2、…、C_9。

c) 分别作向径 OC_1、OC_2、…、OC_9,并延长各向径,各向径代表从动件在反转过程中依次对应的位置。然后在各向径延长线上量取与位移线图相对应位置的从件的位移量,即 C_1B_1

$=11'$、$C_2B_2=22'\cdots$、$C_9B_9=99'$,得反转后尖顶的一系列位置 B_1、B_2、$\cdots$、B_9,B_9 和 C_9 重合。

d)画轮廓曲线。将 B_0,B_1,$B_2\cdots$,B_9 连接为光滑曲线,即得所求的凸轮轮廓曲线,如图 1 -3-11 所示。

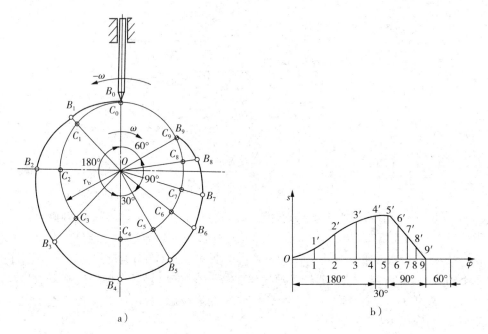

图 1-3-11　凸轮轮廓曲线绘制

1.3.4　学练任务

已知内燃机配气机构对心盘形以角速度顺时针转动,其基圆半径 $r_0=100\,\text{mm}$,从动件的行程 $h=50\,\text{mm}$,设计该凸轮轮廓曲线。

凸轮转角 θ	0°～120°	120°～180°	180°～270°	270°～360°
从动件运动规律	等加加速上 50mm	停止不动	等加速减速 下降至原位置	停止不动

解:a)选取适当的比例尺,作出从动件的位移线图;

b)作基圆取分点;

c)作向　并取点;

d)画轮廓曲线。

1.3.5　拓展任务

一、棘轮机构

1. 机构组成

棘轮机构如图 1-3-12 它主要有摇杆、棘爪、棘轮、制动爪和机架组成。弹簧使制动爪和棘轮保持接触。

2. 工作过程

当摇杆逆时针摆动 —— 棘爪插入齿槽 —— 棘轮转过角度 —— 制动爪划过齿背；

当摇杆顺时针摆动 —— 棘爪划过脊背 —— 制动爪组织棘轮作顺时针转动 —— 棘轮静止不动；

因此当摇杆作连续的往复摆动时，棘轮将作单向间歇转动。

3. 常用的棘轮机构可分为齿啮式和摩擦式两大类。

图 1-3-12　棘轮机构的组成

（1）齿啮式棘轮机构　　这种机构是靠棘爪和棘轮齿啮合传动，转角只能有级调节。根据棘轮机构的运动情况，它可分为：

① 单动式棘轮机构如图 1-3-13 所示，当主动摇杆往复摆动一次时，棘轮只能单向间隙地转过某一角度

② 双动式棘轮机构如图 1-3-14 所示，其特点是摇杆往复摆动时都能使棘轮沿同一方向间隙运动。

③ 内啮合棘轮机构如图 1-3-15 所示，为单向间隙转动的内啮合棘轮机构。

图 1-3-13　单动式棘轮机构

图 1-3-14　双动式棘轮机构

图 1-3-15　内啮合棘轮机构

④ 可变向棘轮机构如图 1-3-16 所示，它的棘轮齿形为对称梯形，当棘爪在实线位置

时,主动摇杆与棘爪将使棘轮向逆时针方向做间隙运动;当棘爪翻转到在虚线位置时,主动摇杆与棘爪将使棘轮向顺时针方向作间隙运动。

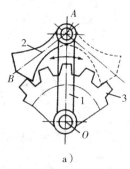

a)

1—摆杆；2—棘爪；3—棘轮

图1-3-16 可变向棘轮机构

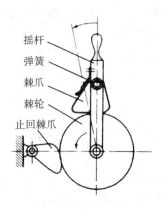

图1-3-17 摩擦式棘轮机构

2)摩擦式棘轮机构如图1-3-17所示,它靠棘爪和棘轮之间的摩擦力传动。棘轮转角可以无级调节。这种棘轮机构在传动中很少发生噪声,但其接触表面间容易滑动。

4. 棘轮机构的特点与应用

优点:棘轮机构具有结构简单、制造方便和运动可靠,并且棘轮的转角可以根据需要进行调节等。

缺点:棘轮机构传力小,工作时有冲击和噪声。因此,棘轮机构只适用于转速不高,转胆不大及小功率的场合。

应用:棘轮机构在生产中可满足进给如图1-3-16,制动如图1-3-18,超越如图1-3-19和转位分度等要求。

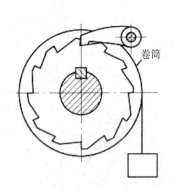

图1-3-18 起重设备安全装置

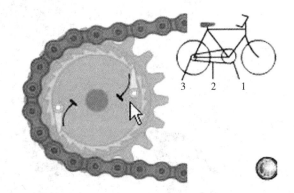

图1-3-19 自行车后轮的内啮合棘轮机构

5. 棘轮转角的调节

根据棘轮机构的使用要求,常常需要调节棘轮的转角,调节方法有两种:

(1)调节摇杆摆动角度的大小,控制棘轮的转角如图1-3-20所示。

(2)用遮板调节棘轮转角如图1-3-21所示。

图1-3-20　调节摇杆摆动角度

图1-3-21　调节棘轮转角

二、槽轮机构

1. 工作原理

槽轮机构是由带有圆销A的拨盘,具有径向槽的槽轮和机架组成,如图1-3-22。当拨盘上的圆柱销A没有进入槽轮的径向槽时,槽轮的内凹锁止弧面被拨盘上的外凸锁止弧面卡住,槽轮静止不动。

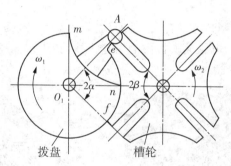

图1-3-22　单元销外啮合槽轮机构

当圆柱销A进入槽轮的径向槽时,锁止弧面被松开,则圆柱销A驱动槽轮转动。当拨盘上的圆柱销离开径向槽时,下一个锁止弧面又被卡住,槽轮又静止不动。由此将主动件的连续转动转换为从动槽轮的间歇运动,如图1-3-23。

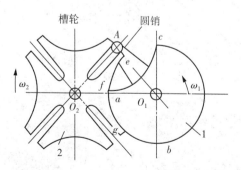

图1-3-23　槽轮工作原理

2. 类型

槽轮机构可分如下两种类型。

（1）外啮合槽轮机构其特点是拨盘与槽轮的转向相反。当拨盘转一周时，槽轮只转动一次的槽轮机构，称为单元销槽轮机构，如图1-3-22所示。当拨盘转一周时，槽轮转动两次的槽轮机构，称为双元销槽轮机构，如图1-3-24所示。

（2）内啮合槽轮机构其特点是拨盘与槽轮的转向相同，槽轮停歇时间较短，传动较平稳，机构空间尺寸较小。如图1-3-25所示。

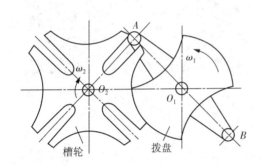

图1-3-24 双圆销外啮合槽轮机构

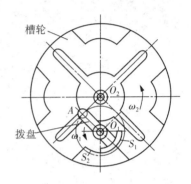

图1-3-25 双圆销外啮合槽轮机构

3. 应用

槽轮机构的结构简单，制造方便，转位迅速，工作可靠，外形尺寸小，机械效率高，因此在自动机械中得到广泛应用。电影放映机中的槽轮机构，如图1-3-26所示。自动车床上的槽轮机构，如图1-3-27所示。

图1-3-26 电影放映机中的槽轮机构

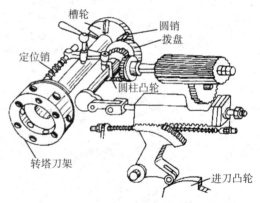

图1-3-27 自动车床上的槽轮机构

1.3.6 自测任务

1. 选择题

（1）凸轮轮廓与从动件之间的可动连接是（　　）。

A. 移动副　　　　　　　　B. 动副　　　　　　　　C. 高副

（2）与平面机构相比，凸轮机构的突出优点是（　　）。

A. 能严格地实现给定的从动件运动规律

B. 能实现间歇运动　　　　　　　　C. 能实现多种运动形式的转换

D. 力性能好

（3）从动件对于较复杂的凸轮轮廓曲线，能准确地获得所需要的运动规律（　　）。

A. 滚子　　　　　　　　B. 尖顶　　　　　　　　C. 平底

（4）决定从动件预定的运动规律（　　）。

A. 凸轮转速　　　　　　B. 凸轮轮廓曲线　　　　C. 凸轮形状

（5）凸轮机构从动件作等速规律运动时会产生冲击（　　）。

A. 刚性凸柔性　　　　　C. 刚性和柔性

（6）在从动件运动规律不变的情况下，若缩小凸轮基圆半径，则压力角。

A. 减小　　　　　　　　B. 不变　　　　　　　　C. 增大

（7）设计盘形凸轮轮廓时，从动件应按的方向转动，以绘制其相对于凸轮转动时的移动导路中心线的位置（　　）。

A. 与凸轮转向相同　　　B. 与凸轮转向相反　　　C. 两者都可以

（8）凸轮机构按运动时会产生刚性冲击（　　）。

A. 等速运动规律性　　　　　　　　　　B. 等加速等减速运动规律

C. 简谐运动规律

（9）压力角是指凸轮轮廓曲线上某点的之间所夹的锐角（　　）。

A. 切线与从动件速度方向　　　　　　　B. 速度方向与从动件速度方向

C. 受力方向与从动件速度方向

（10）对于滚子式从动件的凸轮机构，为了在工作中不使运动"失真"，其理论轮廓外凸部分的最小曲率半径必须滚子半径（　　）。

A. 大于　　　　　　　　B. 等于　　　　　　　　C. 小于

2. 判断题

（1）由于凸轮机构是高副机构，所以与连杆机构比，它更适用于重载场合。（　　）

（2）凸轮机构从动件的运动规律与凸轮转向无关。（　　）

（3）凸轮转速的高低，影响从动件的运动规律。（　　）

（4）从动件的运动规律就是凸轮机构的工作目的。（　　）

（5）盘形凸轮的结构尺寸与基圆半径成反比。（　　）

（6）凸轮轮廓曲线上各点的压力角是不变的。（　　）

（7）凸轮机构也能很好地完成从动件的间歇运动。（　　）

（8）凸轮的基圆半径越大，推动从动件的有效分力也越大。（　　）

（9）当凸轮机构的压力角增大到一定值时，就会产生自锁现象。（　　）

（10）滚子半径的大小对滚子从动件的凸轮机构的预定运动规律是有影响的。（　　）

3. 简答题

（1）什么是行程、推程角、回程角、休止角？你能在从动件位移曲线上分辨出来吗？

（2）从动件的常用运动规律有哪几种？它们各有什么特点？各适用于什么场合？

项目二　　带式传输机传动装置的设计

能力目标：

（1）能从给定的原始设计参数、已有设计资料以及实际调研中，提取机械设计所需的信息资料。

（2）能够根据给定的设计参数及条件和通用零件设计的知识，拟定带式传输机的传动方案及传动装置的总体设计；

（3）能够根据给定的设计条件和通用零件设计的知识，设计和选择带式传输机中的齿轮减速器、带传动、联接件、箱体及附件等；

（4）能够使用设计资料、查阅工程设计手册、国家标准、规范以及有关工具书等；

（5）能运用基本设计理论及基本设计计算方法对机械进行设计；绘制机械装配图和零件图，并标注尺寸、公差和技术要求。

知识目标：

（1）了解带式传输机的组成、结构和工作原理；

（2）熟悉机械传动装置传动方案的拟定；总体设计的基本知识；

（3）熟悉箱体和附件的基本结构与设计计算方法；

（4）掌握机械传动件和支承件的结构、标准与规范及设计计算的基本知识和基本计算理论；

（5）掌握联接件结构、类型及选择的方法；

（6）掌握机械设计的基本设计理论和基本设计计算方法。

素质目标：

（1）规范 —— 作为通用零件设计，设计图纸要符合制图标准，参数的选用也要符合国家或行业标准；

（2）严谨 —— 设计计算不能出现差错，必要的校核计算一定要进行；

（3）敬业 —— 设计的产品必须满足使用性要求，反复比较各种方案，选出最优设计结果；

（4）安全经济 —— 设计成果可靠、实用、低成本；

（5）创新和质量改善 —— 设计成果要适应行业发展趋势，具有设计特色。

（6）职业道德 —— 不能从网络下载、复制、抄袭其它已经是成果的设计；

（7）团队协作 —— 在方案确定，要充分听取团队成员的意见，并与之进行充分沟通和协商。

子项目1　机械传动装置的总体设计

能力目标：

（1）能够根据给定的设计条件拟定带式传输机的传动方案；

（2）能够根据给定的设计条件和机械传动装置总体设计的知识，选择带式传输机的传动装置的原动机，确定总传动比，并分配各级传动比，计算传动系统各轴的运动和动力参数；

（3）能够使用设计资料、查阅工程设计手册、国家标准、规范以及有关工具书等。

知识目标：

（1）了解带式传输机的组成、结构和工作原理；

（2）熟悉机械传动装置传动方案的拟定；

（3）掌握机械传动装置总体设计的基本知识和基本计算理论。

素质目标：

（1）培养学生求知欲、合作能力及协调能力；

（2）培养学生的观察和分析能力；

（3）引导学生思考、启发学生提问、训练自学方法。

2.1.1　任务导入

设计如图 2-1-1 所示的带式运输机中的传动装置。

设计要求：两班制连续单向运转，载荷轻微变化，使用期限为 15 年。输送带速度允差 ±5%。动力来源电动机，三相交流，电压 380/220V。

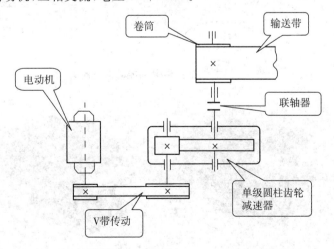

图 2-1-1　带式传输机传动系统

原始数据：

表 2-1-1　带式传输机的设计数据

数据编号	1	2	3	4	5	6	7	8	9	10
运输带 工作拉力 F/N	1100	1150	1200	1250	1300	1350	1400	1450	1500	1600
运输带 工作速度 $v/(m/s)$	1.5	1.6	1.7	1.5	1.55	1.6	1.55	1.6	1.7	1.8
卷筒直径 D/mm	250	260	270	240	250	260	250	260	280	300

设计内容：确定传动方案、选定电动机型号、合理分配传动比及计算传动装置的运动和动力参数，为计算各级传动件和设计绘制装配草图准备条件。

确定传动装置的型式、布置方式、机构组成、传递的功率和速度大小、总传动比、原动件及主要传动零件的数量和类型，初步确定各级传动比，计算各轴的功率、速度和转矩。

2.1.2　相关知识

一、带式传输机的认知

带式传输机的组成、结构与工作原理

机器通常是由原动机、传动装置和工作机三部分组成。

如图 2-1-1 可见，带式传输机是由电动机、V 带传动、单级圆柱齿轮减速器、联轴器、滚筒和传送带组成的。将电动机的动力和运动传递到运输带，其传递线路如图 2-1-2 所示。如图 2-1-3 为电动机和减速器。

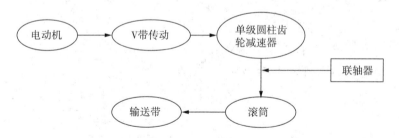

图 2-1-2　带式传输机传动系统框图

图 2-1-3　电动机与减速器

（一）电动机

电动机有交流电动机和直流电动机之分，一般工厂用三相交流电动机。目前应用最广的是 Y 系列自扇冷式笼型三相异步电动机，其结构简单、工作可靠、启动性能好、价格低廉、维护方便、适用于不易燃、不易爆、无腐蚀性气体、无特殊要求的场合，如金属切削机床、运输机、风机、农业机械、食品机械等。

（二）V 带传动

电动机输出的运动和动力，通过 V 带传动传递到齿轮减速器。一般带传动选择在高速级。其由 V 带轮与 V 带组成。

（三）减速器

减速器是位于原动机和工作机之间的封闭式机械传动装置。它由封闭在箱体内的齿轮或蜗轮传动所组成，它在机器中常为一独立部件，主要用来降低转速、增大转矩或改变运动方向。由于其传递运动准确可靠、结构紧凑、润滑条件良好，效率高、寿命长，且使用维护方便，所以得到了广泛的应用。

现在减速器已经成为一种专门部件，为了提高质量，简化结构形式及尺寸，降低成本，一些机器制造部门对其各类通用的减速器进行了专门的设计和制造。常用的减速器已经标准化和规格化了。

表 2 - 1 - 2　常用减速器

类　型	简图及应用特点
一级圆柱齿轮减速器	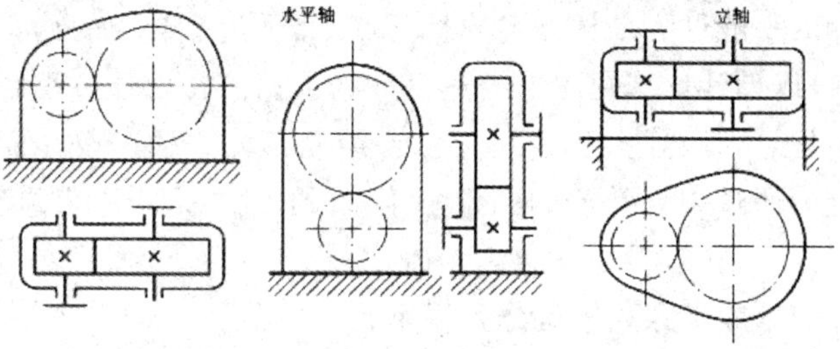 传动比一般小于 6，可用直齿、斜齿或人字齿。传递功率可达上万千瓦，效率比较高、工艺简单、精度易于保证，一般工厂均能制造，应用广泛；
二级圆柱齿轮减速器	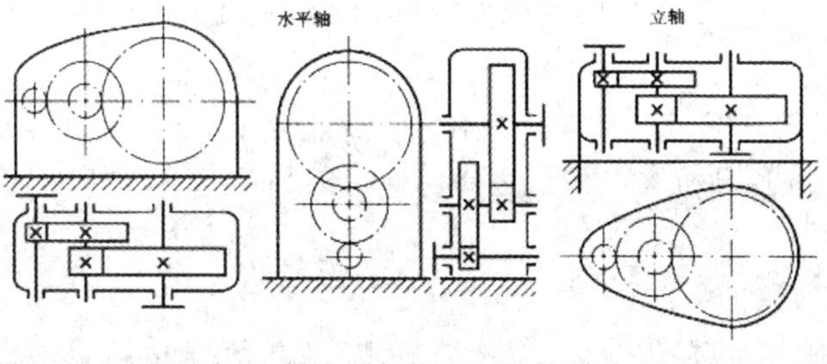 传动比一般为 8～40，可用直齿、斜齿或人字齿。结构简单，应用广泛。展开式由于齿轮相对于轴承不对称布置，因而载荷分布不均，要求轴有较大的刚度。分流式则齿轮相对于轴承为对称布置，常用于大功率、变载荷的场合。同轴式长度方向尺寸小，但轴向尺寸大，中间轴较长刚度差。两级大齿轮直径接近，有利于浸油润滑；

（续表）

类　　型	简图及应用特点
一级圆锥齿轮减速器	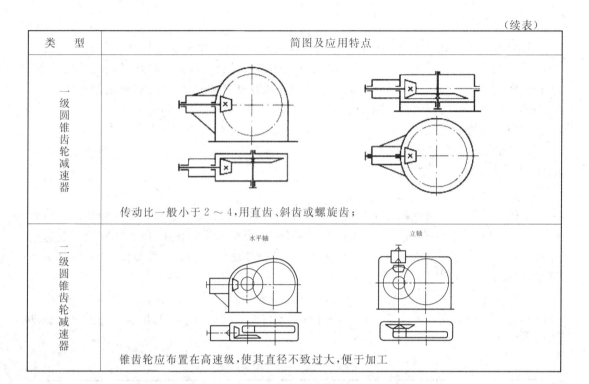 传动比一般小于 2～4，用直齿、斜齿或螺旋齿；
二级圆锥齿轮减速器	水平轴　　　　　　　　　立轴 锥齿轮应布置在高速级，使其直径不致过大，便于加工

二、理论知识点

机械设计的一般过程是从方案分析开始，然后进行必要的计算和结构设计，最后以图纸表达设计结果，以设计计算说明书表达设计的依据。在设计过程中，零件的几何尺寸可由理论计算（通常以强度计算为主）、经验公式、绘制草图或根据设计要求及参考已有结构，用类比的方法确定。通过边计算、边画图、边修改的方式，即用"三边"设计的方法来逐步完成设计。

机械设计的一般步骤大体可分为以下几个阶段。

（一）传动方案的拟定

在机械设计中，如由设计任务书给定传动装置方案时，设计人员则应了解和分析该种方案的特点；若只给定工作机的性能要求，设计人员则应根据各种传动的特点，确定出最佳的传动方案。

1. 了解传动装置的组成和不同传动方案的特点，合理拟订传动方案

传动装置在原动机与工作机之间传递运动和动力，并借以改变运动的形式、速度大小和转矩大小。

（1）传动装置的组成

传动装置一般包括传动件（齿轮传动、蜗杆传动、带传动、链传动等）和支撑件（轴、轴承、箱体等）两部分。传动方案用机构运动简图表达，它能简单明了地表示运动和动力的传递方式、路线以及各部件的组成和连接关系。设计机械传动装置时，首先应根据它的生产任务、工作条件等拟订其传动方案，作总体布置，并绘制运动简图。传动方案是否合理，对整个设计质量的影响很大，因此它是设计中的一个重要环节。

（2）合理的传动方案

合理的传动方案，首先应满足工作机的功能要求，工作可靠，同时还应考虑结构简单、尺寸紧凑、加工方便、成本低廉、传动效率高、便于使用和维护等。例如图 2-1-4 为在狭小矿井巷道中工作的带式运输机在满足运动要求时的 3 种传动方案。显然，图 2-1-4(a) 的方案宽度和长度尺寸都较大，而且带传动也不适应繁重的工作要求和恶劣的工作环境；图 2-1-4(b) 的方案虽然结构紧凑，但在长期连续运转的条件下，由于蜗杆传动效率低，功率损失大，因此很不经济；图 2-1-4(c) 的方案则宽度尺寸较小，也适应在恶劣环境下长期连续工作。

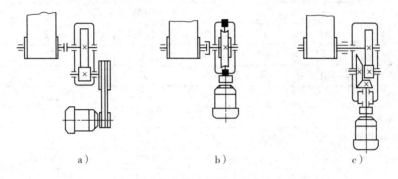

a)　　　　　　　　　　b)　　　　　　　　　　c)

图 2-1-4　带式传输机传动方案

2. 合理布置传动顺序

当采用由几种传动形式组成的多级传动时，要合理布置其传动顺序，通常应考虑以下几点：

（1）带传动的承载能力较低，在传递相同扭矩时，其结构尺寸比其他传动型式大，但传动平稳，能缓冲吸振，有过载保护作用，因此尽量放在传动装置的高速级。

（2）链传动运转不均匀，有冲击，不适于高速传动，宜布置在传动装置的低速级。

（3）蜗杆传动可以实现较大的传动比、结构紧凑、传动平稳，但效率低，适合于中、小功率，间歇运动的场合；当与齿轮传动同时应用时，通常将蜗杆传动布置在高速级，使其传递的扭矩较小，以减小蜗轮尺寸，节省有色金属，同时由于齿面相对滑动速度较高，易于形成油膜，传动效率较高。

（4）圆锥齿轮的加工比较困难，特别是大模数圆锥齿轮，因此圆锥齿轮传动，一般应放在高速级并能限制其传动比，以减小其直径和模数。

（5）斜齿轮传动的平稳性较直齿轮传动好，常用于高速级或要求传动平稳的场合。

（6）开式齿轮传动的工作环境一般较差，润滑条件不好，磨损较严重，应布置在低速级。常见机械传动的主要性能见表 2-1-3。

表 2-1-3　常用传动机构的性能及适用范围

选用指标 ＼ 传动机构		平带传动	V 带传动	圆柱摩擦轮传动	链传动	齿轮传动		蜗杆传动
功率 /kw		小 ≤20	中 ≤100	小 ≤20	中 ≤100	大 最大达 50000		小 ≤50
单级传动比	常用值	2～4	2～4	2～4	2～5	圆柱 3～5	圆锥 2～3	10～40
	最大值	5	7	5	6	8	5	80

（续表）

选用指标＼传动机构	平带传动	V带传动	圆柱摩擦轮传动	链传动	齿轮传动	蜗杆传动
传动效率	见表 2-1-5					
允许用的线速度 /m·s⁻¹	≤25	25～30	15～25	≤40	6 级精度齿轮≤18、非直齿≤36、5 级精度达 100	15～35
外廓尺寸	大	大	大	大	小	小
传动精度	低	低	低	中等	高	高
工作平稳性	好	好	好	较差	一般	好
自锁能力	无	无	无	无	无	可有
过载保护作用	有	有	有	无	无	无
使用寿命	短	短	短	中等	长	中等
缓冲吸振能力	好	好	好	中等	差	差
要求制造及安装精度	低	低	中等	中等	高	高
要求润滑条件	不需	不需	一般不需	中等	高	高
环境适应性	不能接触酸、碱、油类以及爆炸性气体		一般	好	一般	一般

（二）电动机的选择

电动机的选择包括类型、功率和转速，并确定型号。

1. 选择电动机类型

电动机类型和结构要根据电源（交流或直流）、工作条件（温度、环境、空间尺寸等）和载荷特点（性质、大小、启动性能和过载情况）来选择。

工业上一般用三相交流电源，无特殊要求时，应选用交流电机，其中以三相鼠笼式异步电动机用得最多。表 2-1-4 所列 Y 系列电动机为我国推广采用的新设计产品，适用于不易燃、不易爆、无腐蚀性气体的场合。由于起动性能较好，也适用于一些要求较高起动转矩的机械。

在经常起动、制动和反转的场合（如起重机），要求电动机的转动惯量小和过载能力大，则应选用起重及冶金用三相异步电动机 YZ 型（笼型）或 YZP 型（绕线型）。

电动机结构有开启式、防护式、封闭式和防爆式等。可根据防护要求进行选择。同一类型的电动机又具有几种安装形式，应根据安装条件确定。

表 2-1-4 Y 系列（IP44）三相异步电动机的技术数据

电动机型号	额定功率 /kw	满载转速 /r·min⁻¹	堵转转矩／额定转矩	最大转矩／额定转矩	电动机型号	额定功率 /kw	满载转速 /r·min⁻¹	堵转转矩／额定转矩	最大转矩／额定转矩
同步转速 3000r/min					同步转速 1500r/min				
Y801－2	0.75	2825	2.2	2.3	Y801－4	0.55	1390	2.4	2.3
Y802－2	1.1	2825	2.2	2.3	Y802－4	0.75	1390	2.3	2.3
Y90S－2	1.5	2840	2.2	2.3	Y90S－4	1.1	1400	2.3	2.3

（续表）

电动机型号	额定功率 /kw	满载转速 /r·min⁻¹	堵转转矩 额定转矩	最大转矩 额定转矩	电动机型号	额定功率 /kw	满载转速 /r·min⁻¹	堵转转矩 额定转矩	最大转矩 额定转矩
Y90L－2	2.2	2840	2.2	2.3	Y90L－4	1.5	1400	2.3	2.3
Y100L－2	3	2870	2.2	2.3	Y100L1－4	2.2	1430	2.2	2.3
Y112M－2	4	2890	2.2	2.3	Y100L2－4	3	1430	2.2	2.3
Y132S1－2	5.5	2900	2.0	2.3	Y112M－4	4	1440	2.2	2.3
Y132S2－2	7.5	2900	2.0	2.3	Y132S－4	5.5	1440	2.2	2.3
Y160M1－2	11	2930	2.0	2.3	Y132M－4	7.5	1440	2.2	2.3
Y160M2－2	15	2930	2.0	2.2	Y160M－4	11	1460	2.2	2.3
Y160L－2	18.5	2930	2.0	2.2	Y160L－4	15	1460	2.2	2.3
Y180M－2	22	2940	2.0	2.2	Y180M－4	18.5	1470	2.0	2.2
Y200L1－2	30	2950	2.0	2.2	Y180L－4	22	1470	2.0	2.2
Y200L2－2	37	2950	2.0	2.2	Y200L－4	30	1470	2.0	2.2
Y225M－2	45	2970	2.0	2.2	Y225S－4	37	1480	1.9	2.2
Y250M－2	55	2970	2.0	2.2	Y225M－4	45	1480	2.0	2.2
同步转速 1000r/min					Y250M－4	55	1480	2.0	2.2
Y90S－6	0.75	910	2.0	2.0	Y280S－4	75	1480	1.9	2.2
Y90L－6	1.1	910	2.0	2.0	Y280M－4	90	1480	1.9	2.2
Y100L－6	1.5	940	2.0	2.0	同步转速 750r/min				
Y112M－6	2.2	940	2.0	2.0	Y132S－8	2.2	710	2.0	2.0
Y132S－6	3	960	2.0	2.0	Y132M－8	3	710	2.0	2.0
Y132M1－6	4	960	2.0	2.0	Y160M1－8	4	720	2.0	2.0
Y132M2－6	5.5	960	2.0	2.0	Y160M2－8	5.5	720	2.0	2.0
Y160M－6	7.5	970	2.0	2.0	Y160L－8	7.5	720	2.0	2.0
Y160L－6	11	970	2.0	2.0	Y180L－8	11	730	1.7	2.0
Y180L－6	15	970	1.8	2.0	Y200L－8	15	730	1.8	2.0
Y200L1－6	18.5	970	1.8	2.0	Y225S－8	18.5	730	1.7	2.0
Y200L2－6	22	970	1.8	2.0	Y225M－8	22	740	1.8	2.0
Y225M－6	30	980	1.7	2.0	Y250M－8	30	740	1.8	2.0
Y250M－6	37	980	1.8	2.0	Y280S－8	37	740	1.8	2.0
Y280S－6	45	980	1.8	2.0	Y280M－8	45	740	1.8	2.0
Y280M－6	55	980	1.8	2.0	Y315S－8	55	740	1.6	2.0

　　注：电动机型号意义：以 Y132S2－2－B3 为例，Y 表示系列代号，132 表示机座中心高，S 表示短机座（M——中机座，L——长机座），第二种铁心长度，2 为电动机的极数，B3 表示安装型式。

　　2. 选择电动机功率

　　标准电动机的容量由额定功率表示。所选电动机的额定功率应等于或稍大于工作要求的功率。若容量小于工作要求，则不能保证工作机正常工作，或使电动机长期过载、发热大而过早损坏；若容量过大，则增加成本，并且由于效率和功率因数低而造成浪费。

电动机的容量主要由运行时发热条件限定,在不变或变化很小的载荷下长期连续运行的机械,只要其电动机的负载荷不超过额定值,电动机便不会过热,通常不必校验发热和起动力矩。

(1)电动机所需功率为:

$$P_0 = \frac{P_w}{\eta} \qquad (式\ 2-1-1)$$

式中,P_0——工作机要求的电动机输出功率,单位为 kw;

P_w——工作机所需输入功率,单位为 kw;

η——电动机至工作机之间传动装置的总功率。

(2)工作机所需功率 P_w

工作机所需功率 P_w 应根据设计任务给定的机械工作阻力和运动参数按下式计算:

$$P_w = \frac{F_w v_w}{1000\eta_w} \qquad (式\ 2-1-2)$$

或

$$P_w = \frac{Tn_w}{9550\eta_w} \qquad (式\ 2-1-3)$$

式中:F——工作机的阻力,单位为 N。

v——工作机的线速度,单位为 m/s;

T——工作机的阻力矩,单位为 N.m;

N_w——工作机的转速,单位为 r/min;

η_w——工作机效率。

电动机至运输带的传动总效率 η 按下列式计算;

$$\eta = \eta_1 \cdot \eta_2 \cdot \eta_3 \cdots \cdot \eta_n \qquad (式\ 2-1-4)$$

其中 $\eta_1,\eta_2,\eta_3,\cdots,\eta_N$ 分别为传送装置中每一传动副(齿轮、蜗杆、带或链)、每对轴承、每个连轴器的效率,其概略值见表2-1-5。选用此表数值时,一般取中间值,在工作条件差、润滑维护不良时应取低值,否则取高值。

表 2-1-5　机械传动效率的概略值

类别	传动形式	效率	类别	传动形式	效率
圆柱齿轮传动	很好跑合的6级精度和7级精度齿轮传动(油润滑)	0.98～0.995	滑动轴承	润滑不良	0.94
				润滑正常	0.97
	8级精度的一般齿轮传动(油润滑)	0.97		润滑特好(压力润滑)	0.98
	9级精度的齿轮传动(油润滑)	0.96		液体润滑	0.99
	加工齿的开式齿轮传动	0.94～0.96	滚动轴承	球轴承(油润滑)	0.99
	铸造齿的开式齿轮传动	0.90～0.93		滚子轴承(油润滑)	0.98

（续表）

类别	传动形式	效率	类别	传动形式	效率
圆锥齿轮传动	很好跑合的 6 级精度和 7 级精度齿轮传动（油润滑）	0.97～0.98	联轴器	浮动联轴器（滑块联轴器等）	0.97～0.99
	8 级精度的一般齿轮传动（油润滑）	0.94～0.97		齿轮闸轴器	0.99
	加工齿的开式齿轮传动（脂润滑）	0.92～0.95		弹性联轴器	0.99～0.995
	铸造齿的开式齿轮传动	0.88～0.92		万向联轴器 $a \leqslant 3o$	0.97～0.98
蜗杆传动	自锁蜗杆	0.40～0.45		万向联轴器 $a > 3o$	0.95～0.97
	单头蜗杆	0.70～0.75	复滑轮组	滑动轴承（$i = 2-6$）	0.90～0.98
	双头蜗杆	0.75～0.82		滚动轴承（$i = 2-6$）	0.95～0.99
	三头和四头蜗杆	0.82～0.92	减（变）速器	一级圆柱齿轮减速器	0.97～0.98
	四弧面蜗杆传动轴	0.85～0.95		二级圆柱齿轮减速器	0.95～0.96
带传动	平带无压紧轮的开式传动	0.98		一级圆锥齿轮减速器	0.95～0.96
	平带有压紧轮的开式传动	0.97		一级行星圆柱齿轮减速器	0.95～0.98
	平带交叉传动	0.90		一级行星摆线针轮减速器	0.90～0.97
	V 带传动	0.95		圆锥－圆柱齿轮减速器	0.94～0.95
链传动	焊接链	0.93		无级变速器	0.92～0.95
	片式关节链	0.95		轧机人字齿轮座（滑动轴承）	0.93～0.95
	滚子链	0.96		轧机人字齿轮座（滚动轴承）	0.94～0.99
	齿形链	0.98	丝杆传动	滑动丝杆	0.30～0.60
				滚动丝杆	0.85～0.90

（3）电动机额定功率：

根据计算功率 P_0 可选定电动机的额定功率 P_{ed}，应使 P_{ed} 等于或稍大于 P_0。

3. 选择电动机转速

同一类型的电动机，相同的额定功率有多种转速可供选用。如选用低转速电动机，因极数较多而外廓尺寸及重量较大，故价格较高，但可使传动装置总传动比和尺寸减小。高转速电动机则相反。因此应全面分析比较其利弊以选定电动机转速。

按照工作机转速要求和传动机构的合理传动比范围，可以推算电动机转速的可选范围，如：

$$n = (i_1 \cdot i_2 \cdot \cdots \cdot i_n)n_w \qquad\qquad （式 2-1-5）$$

式中，N——电动机可选转速范围，单位为 r/min；

$\quad i_1$、$i_2 \cdots i_n$——各级传动机构的合理传动比范围，见表 2-1-3。

通常选用同步转速为 1500r/min 或 1000r/min 的电动机。若无特殊需要，一般不选用 750r/min 或低于 750r/min 的电动机。

（4）确定电动机型号

根据选用同步电动机类型、结构、容量和转速，查出电动机型号，记录其型号、额定功率、满载转速、外形尺寸、中心高、轴伸尺寸、键连接尺寸、地脚尺寸等参数备用。

设计传动装置时,通常用工作机所需电动机输出功率 P_0 计算。转速则取满载转速计算。

(三)传动装置的总传动比及其分配

传动比是在机械传动系统中,其始端主动轮与末端从动轮的角速度或转速的比值,机构中瞬时输入速度与输出速度的比值称为机构的传动比。

1. 计算总传动比

传动装置的总传动比应为:

$$i = \frac{n_m}{n_w} \qquad\qquad (式 2-1-6)$$

式中,n_m——电动机满载转速,单位为 r/min;

n_w——工作机主轴转速,单位为 r/min;

总传动比为各级传动比的　乘积,即

$$i = i_1 \cdot i_2 \cdot i_3 \cdots i_n$$

式中,i_1、i_2、$\cdots$、i_n 为各级传动机构的传动比。

2. 分配各级传动比

在已知总传动比后,各级传动比如何取值,是设计中的一个重要问题。分配传动比时通常要考虑以下几点:

(1)各级传动机构的传动比应尽量在推荐范围内选取。

(2)应使传动装置外廓尺寸紧凑、重量较轻。如图 2-1-5 所示的两级圆柱齿轮减速器,在相同的总中心距和总传动比的情况下,方案(b)具有较小的外廓尺寸。

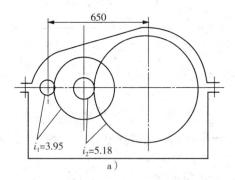 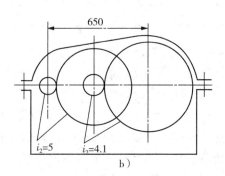

图 2-1-5　传动装置外廓尺寸

(3)应使各传动件尺寸协调,结构匀称合理,避免干扰碰撞。在二级减速器中,高速级和低速级大齿轮直径应尽量相近,以利于浸油润滑。

一般展开式二级圆柱齿轮减速器推荐高速转动比 $i_1 = (1.3 \sim 1.4) i_2$ 同轴式则为 $i_1 \approx i_2$。

传动装置的实际传动比要由选定的齿数或标准带轮直径准确计算,因而与要求传动比可能有误差。一般允许工作机实际转速与要求转速的相对误差为 $\pm(3\% \sim 5\%)$。

(四)计算传动装置动力和动力参数

在选定了电动机的型号,分配了传动比以后,设计计算传动件和支承件时,需要知道各轴的转速、转矩或功率。因此,在选定了电动机的型号,分配了传动比以后,要将工作机上的转速、转矩或功率推算到各轴上。

1. 各轴转速

$$n_{\text{I}} = \frac{n_w}{i_0} \qquad\qquad (\text{式 } 2-1-7)$$

$$n_{\text{II}} = \frac{n_{\text{I}}}{i_1} = \frac{i_0 n_m}{i_0 \times i_1} \qquad\qquad (\text{式 } 2-1-8)$$

$$n_{\text{III}} = \frac{n_{\text{II}}}{i_2} = \frac{n_m}{i_0 \times i_1 \times i_2} \qquad\qquad (\text{式 } 2-1-9)$$

式中:n_m—— 电动机满载转速,单位为 r/min;

n_{I}、n_{II}、n_{III}—— 分别为 Ⅰ、Ⅱ、Ⅲ 轴转速,单位为 r/min;Ⅰ 轴为高速轴,Ⅱ 轴为低速轴;

i_0、i_1、i_2—— 依次为由电动机轴至高速轴 Ⅰ 的传动比,Ⅰ、Ⅱ 轴间的传动比,Ⅱ、Ⅲ 轴间的传动比。

2. 各轴输入功率

$$P_{\text{I}} = P_0 \cdot \eta_{01} \qquad\qquad (\text{式 } 2-1-10)$$

$$P_{\text{II}} = P_{\text{I}} \cdot \eta_{12} = P_0 \cdot \eta_{01} \cdot \eta_{12} \qquad\qquad (\text{式 } 2-1-11)$$

$$P_{\text{III}} = P_{\text{II}} \cdot \eta_{23} = P_0 \cdot \eta_{01} \cdot \eta_{12} \cdot \eta_{23} \qquad\qquad (\text{式 } 2-1-12)$$

式中:P_0—— 工作机所需电动机输出功率,单位为 Kw;

P_{I}、P_{II}、P_{III}—— Ⅰ、Ⅱ、Ⅲ 轴输入功率,单位为 Kw;

η_{01}、η_{12}、η_{23}—— 依次为电动机轴与 Ⅰ 轴,Ⅰ、Ⅱ 轴间,Ⅱ、Ⅲ 轴间的传动效率。

3. 各轴输入转矩

$$T_d = 9550 \frac{P_o}{n_m} \qquad\qquad (\text{式 } 2-1-13)$$

$$T_{\text{I}} = 9550 \frac{P_{\text{I}}}{n_{\text{I}}} \qquad\qquad (\text{式 } 2-1-14)$$

$$T_{\text{II}} = 9550 \frac{P_{\text{II}}}{n_{\text{II}}} \qquad\qquad (\text{式 } 2-1-15)$$

$$T_{\text{III}} = 9550 \frac{P_{\text{III}}}{n_{\text{III}}} \qquad\qquad (\text{式 } 2-1-16)$$

式中:T_d—— 电动机的输出转矩,单位为 N·m;

T_{I}、T_{II}、T_{III}—— Ⅰ、Ⅱ、Ⅲ 轴的输入转矩,单位为 N·m;

由以上公式计算得到的运动和动力参数的计算数值可以整理列表备查。

表 2-1-6　各轴的运动和动力参数

参数	轴号			
	电动机(0)轴	Ⅰ 轴	Ⅱ 轴	工作机(Ⅲ)轴
转速 n/r.min				

（续表）

参数	轴号			
	电动机(0)轴	Ⅰ 轴	Ⅱ 轴	工作机(Ⅲ)轴
功率 P/kw				
转矩 T/N.m				
传动比 i				
效率 η				

2.1.3 示范任务

设计题目:已知带式传输机输送带的有效拉力为 $F_w=3000\text{N}$,输送带速度 $\nu_w=1.4\text{m/s}$,滚筒直径 $D=400\text{mm}$。连续工作,载荷平稳,单向运动,环境有轻度粉尘,结构尺寸无特殊限制,工作现场有三相交流电源。对该带式传输机进行传动装置的总体设计。

设计内容	说　明
解: 1) 拟定传动方案 　为选择合适的传动机构和拟定传动方案,应估算传动装置的总传动比范围。即 $$n_w = \frac{60\times1000\times\nu_w}{\pi D} = \frac{60\times1000\times1.4}{\pi\times400} = 66.88\text{r/min}$$ 一般选用同步转速 1000r/min 或 1500r/min 的电动机作为原动机,因此传动装置的总传动比约为 15 或 22。根据总传动比的数值,初步拟定采用二级传动方案。 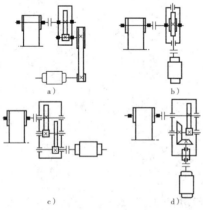 　如图所示的4种传动方案即可作为其中的一种。方案b是蜗杆传动减速器。不宜用于长时间连续工作,且成本高;方案d是圆锥 — 圆柱齿轮传动减速器,制造成本高。根据带式传输机的工作条件,可在 a 和 c 两个方案中选择。a方案是带传动+单级圆柱齿轮减速器,c方案是二级圆柱齿轮减速器,现选用结构简单、制造成本较低的a方案。	（1）电动机的转速越低,电动机的结构越大,价格越高;电动机的转速过高,传动系统的传动比大,即传动系统增多,从而提高成本; （2）因估计总传动比在 15 ～ 22 之间,如采用直齿圆柱齿轮减速器一级传动是不能实现的,所以至少要选用二级传动方案; （3）选用带传动和单级圆柱齿轮减速器这种传动方案,结构简单,成本低。并且,带传动放在高速级,这是带传动的吸收振动、缓和冲击,靠摩擦来传递运动的特性而定的;

（续表）

设计内容	说　明
2）选择电动机 　按照已知的工作要求和条件，选用 Y 系列全封闭笼型三相异步电动机。 　① 计算电动机容量(电动机所需要的额定功率). 　工作机所需要的功率 P_w 按(式 2-1-2)计算,即 $$P_w = \frac{F_w v_w}{1000 \eta_w}$$ 式中,$F_w = 3000\text{N}$;$V_w = 1.4\text{m/s}$;带式输送机的效率取 $\eta_w = 0.94$。代入上式得 $$P_w = \frac{3000 \times 1.4}{1000 \times 0.94} = 4.47\text{kw}$$ 　工作机所需电动机的输出功率 P_o 按(式 2-1-1)计算,即 $$P_o = \frac{P_m}{\eta}$$ 式中,η 为电动机至滚筒主轴传动装置的总效率(包括 V 带传动、一对齿轮传动、两对滚动球轴承及连轴器等效率),η 值按(式 2-1-4)计算,即 $$\eta = \eta_b \cdot \eta_g \cdot \eta_r \cdot \eta_c$$ 　由表 2-1-4 查得:V 带传动效率 $\eta_b = 0.95$,一对齿轮传动(8 级精度、油润滑)效率 $\eta_g = 0.97$,一对滚动球轴承效率 $\eta_r = 0.99$,(滑块)联轴器效率 $\eta_c = 0.98$,因此 $$\eta = 0.95 \times 0.97 \times 0.99 \times 0.98 = 0.885$$ 　所以电动机所需的额定功率为: $$P_o = \frac{P_w}{\eta} = \frac{4.47}{0.885} = 5.05\text{kw}$$ 　② 选取电动机的额定功率。使 $P_m = (1 \sim 1.3)Po = 5.05 \sim 6.565$。并由表 2-1-3 所式 Y 系列电动机技术数据表中取电动机的额定功率为 $P_m = 5.5\text{Kw}$。 　③ 确定电动机的转速 　滚筒轴的转速为 $$n_w = \frac{60 v_m}{\pi D} \frac{6 \times 10^4 \times 1.4}{\pi \times 400} = 66.85\text{r/min}$$ 　按表 2-1-1 推荐的各种传动机构传动比范围。取 V 带动比 i_b 为 $2 \sim 4$,单级圆柱齿轮传动比 i_g 为 $3 \sim 5$,则总传动比范围为 $$i = (2 \times 3) \sim (4 \times 5) = 6 \sim 20$$ 　电动机可选择的转速范围相应为 $$n' = i \times n_w = (6 \sim 20) \times 66.85 = 401 \sim 1337\text{r/min}$$ 　电动机同步转速符合这一范围的有 750r/min 和 1000r/min 两种。电动机的转速低重量重、价格贵,为降低电动机的重量和价格,由表 2-1-3 中选取常用的同步转速为 1000r/min 的 Y 系列电动机 Y132M2-6,满载转速 $n_w = 960\text{r/min}$。 　同时,要确定电动机的输出轴直径 D、轴中心高 H、输出轴轴长 E 等有关参数。由电动机标准,可 Y132M2-6 的电动机,机座常底脚、端盖上有凸缘的。$= 38^{+0.018}_{+0.002}$;$E = 80 \pm 0.37$;$H = 132\text{mm}$;	（1）电动机所需的额定功率,是由实际情况计算出来的。特别注意工作机实际功率和各传动系统的效率值,要根据上面的方案来考虑; 　（2）选择电动机功率,不能只按所需功率选择,要考虑到功率储备,所以将计算功率乘以大于 1 的系数,用此值来选择电动机; 　（3）选择电动机功率与转速的同时,还确定电动机的输出轴直径 D、轴中心高 H、输出轴轴长 E 等有关参数。后面的设计要用到这些参数,以备用; 　确是小带轮轮毂的孔径变与口区配,小带轮的直径应小于 2H,小带轮轮毂变与 E 匹配;

设计内容	说　明
3) 计算传动装置的总传动比并分配各级传动比 ① 传动装置的总传动比。按(式 2 - 1 - 6)有 $$i = \frac{n_m}{n_w} = \frac{960}{66.85} = 14.36$$ ② 分配各级传动比:$i = i_b i_g$ 为使 V 带传动的外廓尺寸不致过大,取传动比 $i_b = 3$,则齿轮的传动比为: $$i_g = \frac{i}{i_b} = \frac{14.36}{3} = 4.79$$	(1) 在分配传动比时,带传动的传动比不宜太大,是因为带传动是靠摩擦来传递运动和动力的,传动比大,结构就大,会影响传动效果; (2) 齿轮的传动比可适当大点,但也不宜很大,所以分配时,要综合考虑;
4) 计算传动装置的运动参数和动力参数 ① 各轴的转速 Ⅰ 轴: $$n_1 = \frac{n_m}{i_b} = \frac{960}{3} = 320 (r/min)$$ Ⅱ 轴: $$n_2 = \frac{n_1}{i_g} = \frac{320}{4.79} = 66.81 (r/min)$$ 滚筒轴: $$n_w = n_2 = 66.81 (r/min)$$ ② 各轴功率 Ⅰ 轴: $$p_1 = p_0 \eta_b = 5.05 \times 0.95 = 4.8 kw$$ Ⅱ 轴: $$p_2 = p_1 \eta_r \eta_g = 4.8 \times 0.99 \times 0.97 = 4.61 kw$$ 滚筒轴: $$p_w = p_2 \eta_r \eta_c = 4.61 \times 0.99 \times 0.98 = 4.47 kw$$ ③ 各轴的转矩 电动机轴:$T_0 = 9550 \dfrac{p_m}{n_m} = 9550 \dfrac{5.05}{960} = 50.24 (N \cdot m)$ Ⅰ 轴:$T_1 = 9550 \dfrac{p_1}{n_1} = 9550 \dfrac{4.8}{320} = 143.25 (N \cdot m)$ Ⅱ 轴:$T_2 = 9550 \dfrac{p_2}{n_2} = 9550 \dfrac{4.61}{66.81} = 659.97 (N \cdot m)$ 滚筒轴:$T_w = 9550 \dfrac{p_w}{n_w} = 9550 \dfrac{4.47}{66.81} = 638.95 (N \cdot m)$	计算各轴功率时,用的电动机功率是计算功率,即工作机需要电动机的输出功率。而不是电动机的额定功率;

（续表）

设计内容	说　　明

将以上算得的运动参数和动力参数列下表

参数	轴号				计算出的数据列于表中,以备后面设计时需要的参数
	电动机（0）轴	Ⅰ轴	Ⅱ轴	工作机轴	
转速 $n/\text{r} \cdot \min$	960	320	66.81	66.81	
功率 P/kw	5.05	4.8	4.61	4.47	
转矩 $T/\text{N} \cdot \text{m}$	50.24	143.25	659.97	638.95	
传动比 i	3		4.79	1	
效率 η	0.95		0.9603	0.9702	

2.1.4　学练任务

题目:已知带式传输机输送带的有效拉力为 $F_w=$ _____ N,输送带速度 $\nu_w=$ _____ m/s,滚筒直径 $D=$ _____ mm。两班制连续单向运转,载荷轻微变化,使用期限 15 年。输送带速度允差 ±5%。环境有轻度粉尘,结构尺寸无特殊限制,工作现场有三相交流电源,电压 380/220V。

设计内容:确定传动方案、选定电动机型号、合理分配传动比及计算传动装置的运动和动力参数,为计算各级传动件和设计绘制装配草图准备条件。

确定传动装置的型式、布置方式、机构组成、传递的功率和速度大小、总传动比、原动件及主要传动零件的数量和类型,初步确定各级传动比,计算各轴的功率、速度和转矩。

设计内容	修改说明
解: 1) 拟定传动方案 分析: 绘制方案图:	

（续表）

设计内容	修改说明
2）选择电动机 ① 计算电动机容量（选择电动机所需要的额定功率）。 ② 选取电动机的额定功率。 ③ 确定电动机的转速	

（续表）

设计内容	修改说明
3) 计算传动装置的总传动比并分配各级传动比 　① 传动装置的总传动比。 　② 分配各级传动比：	
4) 计算传动装置的运动参数和动力参数 　① 各轴的转速 　Ⅰ 轴： 　Ⅱ 轴： 　滚筒轴： 　② 各轴功率 　Ⅰ 轴： 　Ⅱ 轴： 　滚筒轴： 　③ 各轴的转矩 　电动机轴： 　Ⅰ 轴： 　Ⅱ 轴： 　滚筒轴：	

（续表）

设计内容	修改说明
将以上算得的运动参数和动力参数列下表	

将以上算得的运动参数和动力参数列下表

参数	轴号			
	电动机（0）轴	Ⅰ轴	Ⅱ轴	工作机轴
转速 n/r·min				
功率 P/kw				
转矩 T/N·m				
传动比 i				
效率 η				

2.1.5 自测任务

（1）传动方案采用多级降速传动，原则是把带传动放在高速级，齿轮传动放在低速级。为什么？

（2）选择电动机包括哪些内容？传动装置设计中所需要的电动机参数有哪些？选用高速电动机和低速电动机各有什么特点？

（3）设计传动装置的总效率要注意哪些问题？

（4）合理分配传动比有何意义？分配原则是什么？

（5）传动装置中各相邻轴间的功率、转矩、转速关系如何确定？同一轴的输入功率与输出功率是否相同？设计计算时用哪个功率？

子项目2   带式传输机传动装置中的带传动设计

能力目标：

（1）能根据已知条件设计 V 带传动。

（2）能根据要求正确安装 V 带传动，并能完成常规维护工作。

（3）能够使用设计资料、查阅工程设计手册、国家标准、规范以及有关工具书等。

知识目标：

（1）了解各类带传动的工作原理和特性。

（2）了解链传动的工作原理和特性。

（3）熟悉 V 带传动的失效形式。

（4）熟悉 V 带安装与维护的相关知识。

（5）掌握 V 带和 V 带轮的结构。

（6）掌握 V 带张紧相关知识。

素质目标：

（1）培养学生的求知欲、合作能力及协调能力；

（2）培养学生的观察和分析能力；

（3）引导学生思考、启发学生提问、训练自学方法。

2.2.1　任务导入

设计如图 2-2-1 所示的带式传输机中的传动装置。

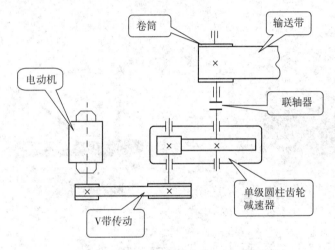

图 2-2-1　带式传输机中的传动装置

设计要求：两班制连续单向运转，载荷轻微变化，使用期限 15 年。输送带速度允差 ±5%。动力来源电动机，三相交流，电压 380/220V。

原始数据：

表 2-2-1　带式传输机的设计数据

数据编号	1	2	3	4	5	6	7	8	9	10
运输带工作拉力 F/N	1100	1150	1200	1250	1300	1350	1400	1450	1500	1600
运输带工作速度 $v/(\text{m/s})$	1.5	1.6	1.7	1.5	1.55	1.6	1.55	1.6	1.7	1.8
卷筒直径 D/mm	250	260	270	240	250	260	250	260	280	300

设计内容：确定带传动的设计功率、选择 V 带型号、确定带轮直径、修正传动比、验算带的速度、确定带的基准长度和中心距、验算小带轮包角、计算带的根数、计算带安装时的初拉力、计算带轮对轴的压力、调整运动和动力参数、设计带轮结构，为计算齿轮传动和设计、绘

制装配草图准备条件。

2.2.2　相关知识

一、带传动基本知识

1. 带传动概述

带传动是一种挠性传动,利用带与带轮间的摩擦或啮合,在两轴或多轴间传递运动和动力。带传动早在公元前1世纪便出现在中国,缫丝中治丝和纺纬两个工序中使用的治丝机(图2-2-2)和纺纬机(图2-2-3)中就使用了带传动。现如今,带传动广泛应用于原动机与工作机之间的传动,如切削机床、汽车(图2-2-4)、洗衣机(图2-2-5)、打印机等设备内部动力与运动的传递。

图2-2-2　治丝机

图2-2-3　纺纬机

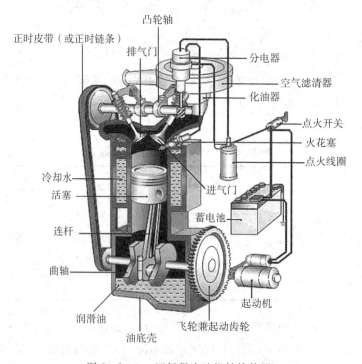

图2-2-4　四行程汽油机结构简图

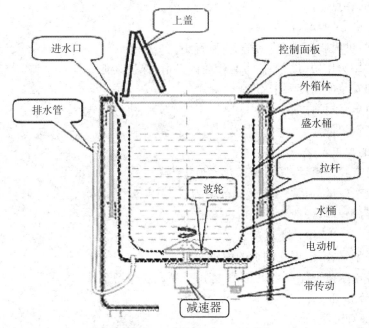

图 2-2-5　波轮洗衣机结构简图

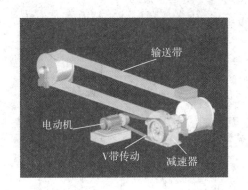

图 2-2-6　带式传输机传动装置

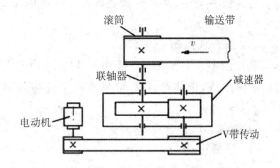

图 2-2-7　带式传输机传动装置运动简图

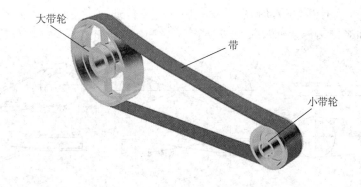

图 2-2-8　带传动

1）带传动的优点

（1）可用于中心距较大的场合。

（2）能缓冲，可吸收振动，传动平稳，噪音小。

（3）有过载保护作用（过载时，带与带轮间打滑，保护其他零件）。

（4）制造和安装的精度要求不高。

（5）结构简单，维护方便。

（6）制造成本较低。

2）带传动的缺点：

（1）传动时有弹性滑动，瞬时传动比不恒定。

（2）传动效率较低，通常 V 带传动效率为 94% ～ 97%。

（3）使用寿命较短，一般为 2000h ～ 3000h。

（4）外廓尺寸较大，结构不紧凑。

（5）需要张紧装置，作用在轴上的力较大。

（6）带与带轮摩擦可能产生火花，不能用于易燃易爆场合。

2. 带传动的类型

1）按传动原理分类

（1）摩擦带传动

通常由主动轮、从动轮和张紧在两轮上的传动带组成，依靠带与带轮接触面间产生的摩擦力来实现传动。

（2）啮合带传动

通常由主动同步带轮、从动同步带轮和安装在两轮上的同步带组成，依靠带上的齿与带轮上的齿槽啮合来实现传动。

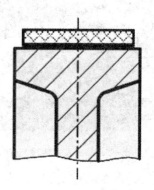

图 2-2-9 平带传动

2）按截面形状分类

（1）平带传动

平带的截面形状为扁平的矩形（图 2-2-9），工作面是与轮面接触的内表面，用于传动中心距较大的场合。常见平带为橡胶帆布带，高速机械中常用环形胶带、锦纶编织带等。常见的传动方式有开口传动（图 2-2-10）、交叉传动（图 2-2-11）和半交叉传动（图 2-2-12）。

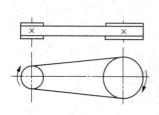

图 2-2-10 开口传动

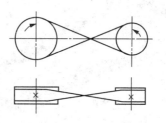

图 2-2-11 交叉传动

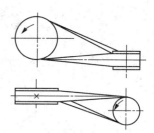

图 2-2-12 半交叉传动

（2）V 带传动

V 带的截面形状为等腰梯形（图 2-2-13），工作面是与 V 带轮沟槽接触的两个侧面，工作面较平带传动大，可用于传递较大的功率。大多数 V 带已标准化，故 V 带传动应用最为广泛。

（3）圆带传动

圆带的截面形状为圆形（图 2-2-14），用于低速、小功率的机械中，如：家用电器。常见圆带为皮革、棉绳、锦纶等材料制作而成。

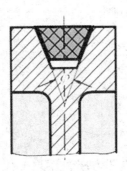 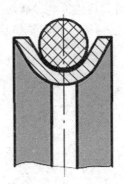

图 2-2-13　V 带传动　　　　　图 2-2-14　圆带传动

（4）多楔带传动

多楔带是平带与 V 带的结合（图 2-2-15），它是在平带基体上由若干 V 带组合而成的传动带。多楔带工作面为楔形的侧面，用于传递的功率较大，且要求结构紧凑的场合。

（5）同步带传动

同步带依靠带上的齿与带轮上的齿槽啮合（图 2-2-16）来传递运动和动力，用于要求传动平稳、传动比精确度较高的中、小功率机械中，如：数控机床。

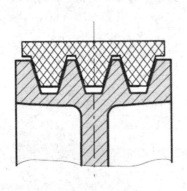 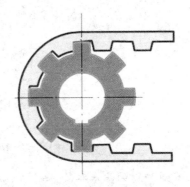

图 2-2-15　多楔带传动　　　　　图 2-2-16　同步带传动

3）按用途分类

（1）传动带

传递运动和动力，如拖拉机前部的传动带。

（2）输送带

输送物品，如自动化流水线上的输送带。

3. 带传动的工作特性

1）打滑

带传动是依靠摩擦力来传递运动与动力的传动。在安装时，必须以一定的初拉力 F_0（图2-2-17）张紧带，带与带轮之间的接触面才能产生足够的摩擦力。在初拉力 F_0 一定时，带与带轮之间的摩擦力总和有一个极限值，当带传动的工作载荷超过了这个极限值时，带将沿带与带轮的整个接触面发生滑动，这种现象称为打滑。打滑时，从动轮转速急剧下降，甚至停转，虽然对其他构件有过载保护作用，但会导致带的严重磨损。因此，打滑是带传动的主要失效形式之一，是一种非工作状态，应极力避免。

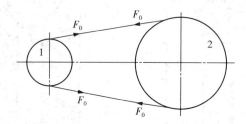

图2-2-17　带传动工作前的初拉力

2）弹性滑动

带为挠性体，受到工作拉力的作用会产生弹性伸长（图2-2-18）。带与主动轮接触至与主动轮分离的过程中，受到的拉力从 F_1 逐渐减少到 F_2，弹性伸长量也随之减小，长度逐渐缩短，于是带与主动轮之间产生了相对滑动。同理，带与从动轮接触至与从动轮分离的过程中，带与从动轮之间也产生了相对滑动。这种由于带在工作中的弹性变形而引起的带与带轮之间的相对滑动现象，称为带的弹性滑动。由于弹性滑动是带的松边与紧边的拉力差引起的，是一种无法避免的物理现象，所以弹性滑动是摩擦带传动固有的特性。

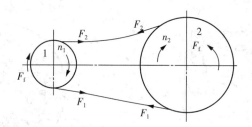

图2-2-18　带传动工作时的松边与紧边

4. V带传动的基本参数

1）V带传动的基本概念

（1）节面

V带绕在V带轮上会产生弯曲变形，外层拉伸，内层压缩。在这两层之间有一层既不拉伸也不压缩的面，这个面称为节面（图2-2-19）。

（2）节宽

V带节面的宽度称为节宽，用 b_p 表示。因节面既不拉伸也不压缩，所以当V带绕在V带轮上产生弯曲时，节宽保持不变。

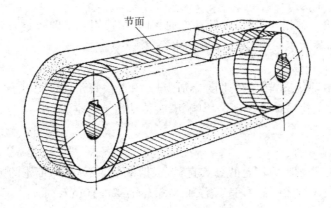

图 2-2-19　V 带的节面

（3）基准宽度

V 带装在 V 带轮上时，V 带轮上与 V 带节宽 b_p 处重合位置的轮槽宽度称为基准宽度，用 b_d 表示。V 带上的节宽 b_p 与 V 带轮上的基准宽度 b_d 重合并相等。

（4）基准直径

V 带轮上基准宽度处的带轮直径为带轮的基准直径，用 d_d 表示（图 2-2-20）。V 带轮的基准直径即是 V 带轮的公称直径。

（5）基准长度

在规定的张紧力作用下，V 带位于带轮基准直径处的周线长度称为带的基准长度，用 L_d 表示（图 2-2-20）。V 带的基准长度即是 V 带的公称长度。

（6）楔角

V 带的两个侧面（即工作面）之间的夹角称为楔角，用 θ 表示。V 带的楔角 $\theta = 40°$。

（7）槽角

V 带轮槽的两个侧面（即工作面）之间的夹角称为槽角，用 φ 表示。V 带轮的槽角 φ 比 V 带的楔角 θ 稍小。

（8）包角

V 带与 V 带轮的接触弧所对应的中心角称为带轮包角，用 α 表示（图 2-2-20）。在相同条件下，包角越大，带与带轮之间的摩擦力就越大，能传递的功率也越大。

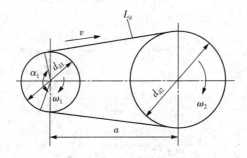

图 2-2-20　V 带传动的基本参数

（9）中心距

当两个 V 带轮的轴相互平行，且转动方向相同时，使用规定的张紧力张紧 V 带，两个 V 带轮轴线间的距离称为中心距，用 a 表示（图 2-2-20）。

（10）传动比

在 V 带传动中，两带轮转动角速度分别为 ω_1 和 ω_2，其角速度之比称为传动比，用 i 表示。V 带传动的传动比受弹性滑动的影响，瞬时传动比不恒定。

2）V 带传动的基本参数

（1）V 带轮的基准直径

V 带轮的基准直径即 V 带轮的公称直径，根据带型的不同，V 带轮的最小基准直径也不同，可查表 2-2-2 与表 2-2-3 选择普通 V 带轮的基准直径系列 d_d。

表 2-2-2　V 带轮的最小基准直径(mm)

带型	Y	Z	A	B	C	D	E
d_{dmin}/mm	20	50	75	125	200	355	500

表 2-2-3　普通 V 带轮的基准直径系列 d_d(mm)

d_d/mm	Y	Z	A	B	d_d/mm	Z	A	B	C	D	E
20	*				200	*	*	*			
22.4	*				212				*		
25	*				224	*	*	*	*		
28	*				236				*		
31.5	*				250	*	*	*	*		
35.5	*				265				*		
40	*				280	*	*	*			
45	*				300				*		
50	*	*			315	*	*	*	*		
56	*	*			335				*		
63	*				355	*	*		*		
71		*			375					*	
75		*	*		400	*	*	*	*	*	
80	*	*	*		425					*	
85			*		450		*	*	*	*	
90	*	*	*		475					*	
95			*		500	*	*	*	*	*	*
100	*	*	*		530						*

（续表）

d_d/mm	Y	Z	A	B	d_d/mm	Z	A	B	C	D	E
106			*		560	*	*	*	*	*	
112	*	*			600	*	*	*	*	*	*
118			*		630	*	*	*	*	*	*
125	*	*		*	670		*	*	*	*	*
132		*	*	*	710		*	*	*	*	*
140		*			750		*				
150		*	*	*	800		*	*	*	*	*
160		*	*	*	900			*	*	*	*
170				*	1000			*	*	*	*
180				*	1060					*	
					1120			*	*	*	*
					1250				*	*	*
					1400				*	*	*
					1500					*	
					1600				*	*	*
					1800					*	
					2000				*	*	*
					2240						*
					2500						*

注：不推荐使用表中未标注"＊"的尺寸。

（2）V 带的基准长度

V 带的基准长度即 V 带的公称长度，可根据式 2-2-1 进行计算后，查表 2-2-4 选择普通 V 带基准长度系列 L_d 和带长修正系数 K_L。

带的基准长度

$$L_d = 2a + \pi(d_{d1} + d_{d2})/2 + (d_{d2} - d_{d1})^2/4a \qquad （式 2-2-1）$$

a—— 中心距（mm）

d_{d1}、d_{d2}—— 两带轮的基准直径（mm）

表 2-2-4　普通 v 带基准长度系列 L_d(mm) 和带长修正系数 K_L

Y		Z		A		B		C		D		E	
L_d	K_L	L_d	K_L	L_d	K_L	L_d	K_L	L_d	K_L	L_d	K_L	L_d	K_L
200	0.81	405	0.87	630	0.81	930	0.83	1565	0.82	2740	0.82	4660	0.91
L_d	K_L	L_d	K_L	L_d	K_L	L_d	K_L	L_d	K_L	L_d	K_L	L_d	K_L
224	0.82	475	0.90	700	0.83	1000	0.84	1760	0.85	3100	0.86	5040	0.92
250	0.84	530	0.93	790	0.85	1100	0.86	1950	0.87	3330	0.87	5420	0.94

（续表）

Y		Z		A		B		C		D		E	
280	0.87	625	0.96	890	0.87	1210	0.87	2195	0.90	3730	0.90	6100	0.96
315	0.89	700	0.99	990	0.89	1370	0.90	2420	0.92	4080	0.91	6850	0.99
355	0.92	780	1.00	1100	0.91	1560	0.92	2715	0.94	4620	0.94	7650	1.01
400	0.96	920	1.01	1250	0.93	1760	0.94	2880	0.95	5400	0.97	9150	1.05
450	1.00	1080	1.07	1430	0.96	1950	0.97	3080	0.97	6100	0.99	12230	1.11
500	1.02	1330	1.13	1550	0.98	2180	0.99	3520	0.99	6840	1.02	13750	1.15
		1420	1.14	1640	0.99	2300	1.01	4060	1.02	7620	1.05	15280	1.17
		1540	1.54	1750	1.00	2500	1.03	4600	1.05	9140	1.08	16800	1.19
				1940	1.02	2700	1.04	5380	1.08	10700	1.13		
				2050	1.04	2870	1.05	6100	1.11	12200	1.16		
				2200	1.06	3200	1.07	6815	1.14	13700	1.19		
				2300	1.07	3600	1.09	7600	1.17	15200	1.21		
				2480	1.09	4060	1.13	9100	1.21				
				2700	1.10	4430	1.15	10700	1.24				
						4820	1.17						
						5370	1.20						
						6070	1.24						

（3）V 带传动比

V 带传动比一般取 $i \leqslant 7$，常用范围 $i = 2 \sim 4$。根据 V 带传动比的概念和数学知识可推算出，V 带传动比

$$i = \omega_1 / \omega_2 = n_1 / n_2 = d_{d2} / d_{d1} \qquad （式 2-2-2）$$

n_1、n_2——两带轮的转速（r/min）

d_{d1}、d_{d2}——两带轮的基准直径（mm）

（4）V 带带速

V 带传动的带速一般为 $v = 5 \sim 25 \text{m/s}$。实际工作中 V 带的带速可由带轮的圆周速度求得，

V 带带速

$$v_1 = \frac{\pi d_{d1} n_1}{60 \times 1000}; v_2 = \frac{\pi d_{d2} n_2}{60 \times 1000} \qquad （式 2-2-3）$$

n_1、n_2——两带轮的转速（r/min）；

d_{d1}、d_{d2}——两带轮的基准直径（mm）。

（5）小带轮包角

小带轮包角是 V 带传动中 V 带与小带轮的接触弧所对应的中心角，用 α_1 表示。V 带传动中带轮包角越小，摩擦力就越小，传动能力降低。由于小带轮包角 α_1 小于大带轮包角 α_2，

所以一般要求小带轮包角 $\alpha_1 \geqslant 120°$，特殊情况下允许 $\alpha_1 \geqslant 90°$。在 V 带传动设计过程中可由式 2-2-4 计算小带轮包角，并根据表 2-2-5 查取小带轮包角修正系数 K_α。

小带轮包角

$$\alpha_1 = 180° - 57.3° \times (d_{d2} - d_{d1})/a \qquad (式 2-2-4)$$

d_{d1}、d_{d2}—— 两带轮的基准直径（mm）

a—— 中心距（mm）

表 2-2-5　小带轮包角修正系数 K_α

α_1	180°	170°	175°	165°	160°	155°	150°	145°	140°	135°
K_α	1.00	0.99	0.98	0.96	0.95	0.93	0.92	0.91	0.89	0.88
α_1	130°	125°	120°	115°	110°	105°	100°	95°	90°	
K_α	0.86	0.84	0.82	0.80	0.78	0.76	0.74	0.72	0.69	

（6）V 带的根数

V 带传动中每根带的张紧程度难以完全一致，带的根数过多会造成每根 V 带受力不均匀，故一组 V 带通常为 2～5 根，最多不超过 10 根。V 带的根数可由式 2-2-5 计算，V 带的根数

$$z \geqslant \frac{P_d}{[P_1]} = \frac{K_A P}{(P_1 + \Delta P_1) K_\alpha K_L} \qquad (式 2-2-5)$$

P_d—— 设计功率（kw）；

$[P_1]$—— 单根 V 带许用功率（kw）；

K_A—— 工况系数，可由表 2-2-6 查取；

P—— 传递功率（kw）；

P_1—— 单根普通 V 带基本额定功率（kw），可由表 2-2-7 查取；

ΔP_1—— 单根普通 V 带基本额定功率的增量（kw），可由表 2-2-8 查取；

K_α—— 小带轮包角修正系数，可由表 2-2-5 查取；

K_L—— 带长修正系数，可由表 2-2-4 查取。

表 2-2-6　工况系数 K_A

工作情况		K_A					
		空、轻载启动			重载启动		
		每天工作小时 /h					
		< 10	10～16	> 16	< 10	10～16	> 16
载荷变动微小	液体搅拌机、通风机和鼓风机（≤ 7.5kw）、离心式水泵和压缩机、轻负荷输送机	1.0	1.1	1.2	1.1	1.2	1.3

（续表）

工作情况		K_A					
		空、轻载启动			重载启动		
		每天工作小时 /h					
		< 10	10 ～ 16	> 16	< 10	10 ～ 16	> 16
载荷变动小	带式输送机（不均匀载荷）、通风机（＞7.5kw）、旋转式水泵和压缩机（非离心式）、发电机、技术切削机床、印刷机、旋转筛、锯木机和木工机械；	1.1	1.2	1.3	1.2	1.3	1.4
载荷变动较大	制砖机、斗式提升机、往复式水泵和压缩机、起重机、磨粉机、冲剪机床、橡胶机械、振动筛、纺织机械、重载输送机；	1.2	1.3	1.4	1.4	1.5	1.6
载荷变动很大	破碎机（旋转式、颚式等）、磨矿机（球磨、棒磨、管磨）	1.3	1.4	1.5	1.5	1.6	1.8

注：(1) 空、轻载启动：电动机（交流启动、三角启动、直流并励）、四缸以上的内燃机、装有离心式离合器、液力联轴器的动力机。

(2) 重载启动：电动机（联机交流启动、直流复励或串励）、四缸以下的内燃机。

(3) 反复启动、正反转频繁、工作条件恶劣等场合，K_A 应乘 1.2。

表 2 - 2 - 7　单根普通 V 带基本额定功率 P_1(kw)($\alpha = 180°$)

带型	d_{d1}/mm	n_1(r/min)								
		400	700	800	950	1200	1450	1600	2000	2400
Z	50	0.06	0.09	0.10	0.12	0.14	0.16	0.17	0.20	0.22
	56	0.06	0.11	0.12	0.14	0.17	0.19	0.20	0.25	0.30
	63	0.08	0.13	0.15	0.18	0.22	0.25	0.27	0.32	0.37
	71	0.09	0.17	0.20	0.23	0.27	0.30	0.33	0.39	0.46
	80	0.14	0.20	0.22	0.26	0.30	0.35	0.39	0.44	0.50
	90	0.14	0.22	0.24	0.28	0.33	0.36	0.40	0.48	0.54
A	75	0.26	0.40	0.45	0.51	0.60	0.68	0.73	0.84	0.92
	90	0.39	0.61	0.68	0.77	0.93	1.07	1.15	1.34	1.50
	100	0.47	0.74	0.83	0.95	1.14	1.32	1.42	1.66	1.87
	112	0.56	0.90	1.00	1.15	1.39	1.61	1.74	2.04	2.30
	125	0.67	1.07	1.19	1.37	1.66	1.92	2.07	2.44	2.74
	140	0.78	1.26	1.41	1.62	1.96	2.28	2.45	2.87	3.22
	160	0.94	1.51	1.69	1.95	2.36	2.73	2.94	3.42	3.80
	180	1.09	1.76	1.97	2.27	2.74	3.16	3.40	3.93	4.32

（续表）

带型	d_{d1}/mm	$n_1(\text{r/min})$								
		400	700	800	950	1200	1450	1600	2000	2400
B	125	0.84	1.30	1.44	1.64	1.93	2.19	2.33	2.64	2.85
	140	1.05	1.64	1.82	2.08	2.47	2.82	3.00	3.42	3.70
	160	1.32	2.09	2.32	2.66	3.17	3.62	3.86	4.40	4.75
	180	1.59	2.53	2.81	3.22	3.85	4.39	4.68	5.30	5.67
	200	1.85	2.96	3.30	3.77	4.50	5.13	5.46	6.13	6.47
	224	2.17	3.47	3.86	4.42	5.26	5.97	6.33	7.02	7.25
	250	2.5	4.00	4.46	5.10	6.04	6.82	7.20	7.78	7.89
	280	2.89	4.61	5.13	5.85	6.90	7.76	8.13	8.60	8.22
C	200	2.41	3.69	4.07	4.58	5.29	5.84	6.07	6.34	6.02
	224	2.99	4.64	5.12	5.78	6.71	7.45	7.75	8.06	7.57
	250	3.62	5.64	6.23	7.04	8.21	9.04	9.38	9.62	8.75
	280	4.32	6.76	7.52	8.49	9.81	10.72	11.06	11.04	9.50
	315	5.14	8.09	8.92	10.05	11.53	12.45	12.72	12.14	9.43
	355	6.05	9.50	10.46	11.73	13.31	14.12	14.19	12.59	7.98
	400	7.06	11.02	12.10	13.48	15.04	15.53	15.24	11.95	4.34
	450	8.20	12.63	13.80	15.23	16.59	16.47	15.57	9.64	

表 2-2-8 单根普通 V 带基本额定功率增量 $\Delta P_1(\text{kw})$

带型	i 或 $1/i$	$n_1(\text{r/min})$								
		400	700	800	950	1200	1450	1600	2000	2400
Z	1.35～1.5	0.00	0.01	0.01	0.02	0.02	0.02	0.02	0.03	0.03
	1.51～1.99	0.01	0.01	0.02	0.02	0.02	0.02	0.03	0.03	0.05
	≥2.00	0.01	0.02	0.02	0.02	0.03	0.03	0.03	0.05	0.05
A	1.35～1.51	0.04	0.07	0.08	0.08	0.11	0.13	0.15	0.19	0.23
	1.52～1.99	0.04	0.08	0.09	0.10	0.13	0.15	0.17	0.22	0.26
	≥2.00	0.05	0.09	0.10	0.11	0.15	0.17	0.19	0.24	0.29

（续表）

带型	i 或 $1/i$	n_1(r/min)								
		400	700	800	950	1200	1450	1600	2000	2400
B	1.35～1.51	0.10	0.17	0.20	0.23	0.30	0.36	0.39	0.49	0.59
	1.52～1.99	0.11	0.20	0.23	0.26	0.34	0.40	0.45	0.56	0.68
	≥2.00	0.18	0.22	0.25	0.30	0.38	0.46	0.51	0.63	0.76
C	1.35～1.51	0.27	0.48	0.55	0.65	0.82	0.99	1.10	1.37	1.65
	1.52～1.99	0.31	0.55	0.63	0.74	0.94	1.14	1.25	1.57	1.88
	≥2.00	0.35	0.62	0.71	0.83	1.06	1.27	1.41	1.76	2.12

5. V 带与 V 带轮的结构

1）V 带的结构

（1）V 带概述

V 带有普通 V 带（图 2-2-21）、窄 V 带（图 2-2-22）、宽 V 带、齿形 V 带（图 2-2-23）、大楔角 V 带、联组 V 带（图 2-2-24）等，是传动带中产量最大、品种最多、用途最广的一种产品，广泛应用于农机、机床、汽车、船舶、办公设备等领域。

图 2-2-21　普通 V 带

图 2-2-22　窄 V 带

图 2-2-23　齿形 V 带

图 2-2-24　联组 V 带

一般工业中，运用最多的是普通 V 带、窄 V 带和联组 V 带。窄 V 带在相同的速度下，传动能力比普通 V 带高 0.5～1.5 倍,而在传递相同的功率时,窄 V 带的结构尺寸较普通 V 带小(图 2-2-25),可使带轮宽度减少,广泛用于各种动力传动。联组 V 带是多根 V 带用平板带固定在一起的 V 带,可使单根 V 带间的非一致性振动互相抵消而减至最低,各 V 带长度一致,受力均匀,运行平稳,适合大功率传动。

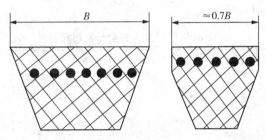

图 2-2-25　普通 V 带与窄 V 带的尺寸差别

(2) 普通 V 带的结构

普通 V 带一般指普通包边 V 带(图 2-2-26),由包布层、伸张层(顶胶)、抗拉体和压缩层(底胶)组成。包布层由带有橡胶的帆布制成,是 V 带的保护层。伸张层和压缩层均由橡胶制成,当带弯曲时分别承受拉伸和弯曲变形。抗拉体是承载层,承受带受到的基础拉力,常见结构形式有两种:帘布结构和线绳结构。帘布结构 V 带抗拉强度大,承载能力较强,制造方便,价格低廉,应用范围较广。线绳结构 V 带柔韧性好,抗弯强度高,但承载能力较差,适合带轮直径较小的场合。由于这两种带芯结构均为纤维捻制或编制,在运转中纤维间互相剪切会导致带芯逐渐断裂,故为了提高 V 带抗拉强度和 V 带的使用寿命,近年来已开始使用合成纤维绳芯作为抗拉体。

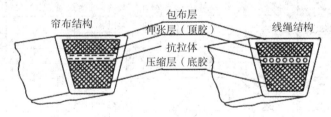

图 2-2-26　普通包边 V 带结构图

在现代工业中,除了包布 V 带外,切边 V 带(图 2-2-27)也使用的较多。这种 V 带的结构侧面没有包布,带体十分柔软,耐屈挠,可以提高传动带的耐久性,因而得到广泛的应用。

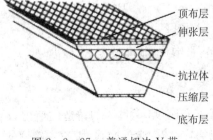

图 2-2-27　普通切边 V 带

（3）普通 V 带的型号

国家标准规定,普通 V 带按截面尺寸大小分为 Y、Z、A、B、C、D、E 七个型号。Y 型与 Z 型为小型 V 带,主要用于办公设备和家用电器中。一般工业用机械,根据功率和转速的需要,通常使用 A、B、C、D、E 型 V 带,其中 D 型与 E 型为重型 V 带,主要用于船舶、电力等大型机械中。V 带各型号截面尺寸见表 2-2-9。

表 2-2-9 V 带各型号截面尺寸

	带型	Y	Z	A	B	C	D	E
	节宽 b_p/mm	5.3	8.5	11	14	19	27	32
	顶宽 b/mm	6	10	13	17	22	32	38
	高度 h/mm	4	6	8	11	14	19	25
	楔角 θ	40°						
	单位长度质量 q/(kg/m)	0.023	0.060	0.105	0.170	0.300	0.630	0.970

选择 V 带型号时,要根据设计功率 P_d 和主动轮转速 n_1 的数值,查图 2-2-28 选择 V 带型号。如选型点在两种带型的分界线附近时,可分别选两种带型进行计算,选择其中较优的结果。

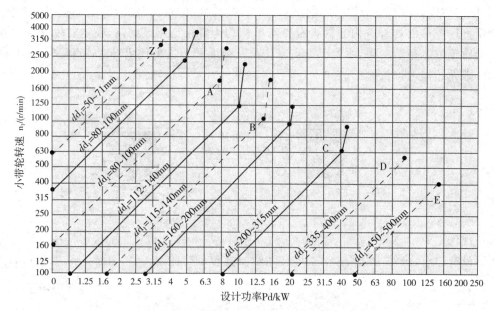

图 2-2-28 普通 V 带选型图

普通 V 带的标记方法是:带型 基准长度 标准号。

2）V 带轮的结构

（1）V 带轮概述

V 带轮应具有足够的强度和刚度,无过大的铸造内应力、质量小、结构工艺性好且质量分布均匀。为了使载荷分布均匀,减少带的磨损,带轮各轮槽的尺寸和槽角要保证一定的精度,轮槽工作面要精细加工(表面粗糙度一般为 3.2)。

　　V带轮主要采用铸铁、铸钢、铝合金和工程塑料等材料制造,其中灰铸铁应用最广。带速 $v < 25\text{m/s}$ 时用 HT150,$25 \leqslant v \leqslant 30\text{m/s}$ 时用 HT200,转速更高时可采用球墨铸铁和铸钢,也可用钢板冲压后焊接成带轮,小功率传动时可采用铸铝或工程塑料。

　　(2)普通V带轮的结构

　　带轮由轮缘、轮辐和轮毂三个部分组成,根据轮辐结构形式的不同可以分为实心式(图2-2-29)、腹板式(图2-2-30)、孔板式(图2-2-31)和轮辐式(图2-2-32)带轮。如带轮安装在直径为 d 的轴上,当带轮基准直径 $d_\text{d} \leqslant (2.5 \sim 3)d$ 时,选用实心式带轮;当 $2.5d \leqslant d_\text{d} \leqslant 300\text{mm}$ 时,选用腹板式带轮,当腹板区域 $\geqslant 100\text{mm}$ 时,可在其上开孔,即为孔板式带轮;当 $d_\text{d} > 300\text{mm}$ 时,选用轮辐式带轮。

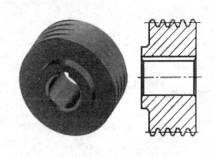

图 2-2-29　实心式带轮

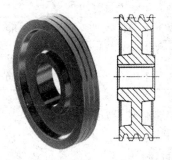

图 2-2-30　腹板式带轮

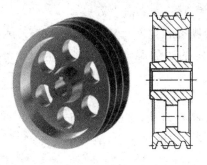

图 2-2-31　孔板式带轮

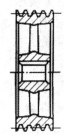

图 2-2-32　轮辐式带轮

　　V带安装在带轮上后,带会发生弯曲变形,导致截面形状发生改变,实际楔角变小。为使V带的工作面能与带轮槽的两侧紧密贴合,带轮槽角 φ(图2-2-33)需比V带楔角 θ 小,根据带轮基准直径 d_d 的大小规定带轮槽角 φ 为 32°、34°、36° 和 38°(表2-2-10)。

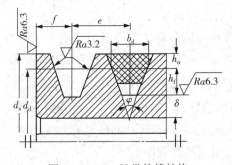

图 2-2-33　V带轮槽结构

表 2-2-10　普通 V 带轮槽尺寸

型号		Y	Z	A	B	C	D	E
基准宽度 b_d		5.3	8.5	11.0	14.0	19.0	27.0	32.0
基准线上槽深 h_{amin}		1.6	2.0	2.75	3.5	4.8	8.1	9.6
基准线下槽深 h_{fmin}		4.7	4	8.7	10.8	14.3	19.9	23.4
槽间距 e		8±0.3	12±0.3	15±0.3	19±0.4	25.5±0.5	37±0.6	44.5±0.7
轮缘宽 B		$B=(z-1)e+2f$ $\quad z$—— 轮槽数						
轮缘外径 d_a		$d_a=d_d+2h_a$						
槽角 φ	32°	对应的 d_d	≤60	—	—	—	—	—	—
	34°		—	≤80	≤118	≤190	≤315	—	—
	36°		>60	—	—	—	—	≤475	≤600
	38°		—	>80	>118	>190	>315	>475	>600

二、V 带传动设计基本知识

1. V 带传动的失效形式

（1）打滑

当 V 带传动传递的力超过其最大有效拉力时，V 带与小带轮沿整个工作面出现相对滑动，从动轮转速急剧下降，甚至停转，从而导致传动失效。

（2）疲劳破坏

为保证带不打滑，V 带的疲劳破坏包括脱层、撕裂和拉断。V 带在传动过程中，任一截面上的应力都是循环变化的，当应力循环达到一定的次数后，V 带局部发生裂纹、脱层、松散，直至断裂。

（3）工作面磨损

带的弹性滑动和打滑使得 V 带与带轮间存在相对滑动，带的工作面从而发生磨损。磨损会使 V 带的工作面接触面积变小，传动的有效拉力也随之减小，最终导致失效。

2. V 带传动的设计准则

由于 V 带传动的主要失效形式为打滑和疲劳破坏，故 V 带传动的设计准则为：保证 V 带与带轮间不发生打滑的条件下，V 带在一定时限内不发生疲劳破坏。

（1）带不打滑条件

V 带传递的有效拉力 F 应小于或等于最大有效拉力 F_{max}。有效拉力 F 是 V 带传动起到传递动力作用的拉力，它是 V 带工作过程中紧边与松边的拉力差（F_1-F_2），其大小等于 V 带与小带轮之间形成的摩擦力总和 $\sum F_f$。当 V 带有打滑趋势时，$\sum F_f$ 达到极限值，此时有效拉力达到最大值 F_{max}。当 V 带传动的初拉力 F_0、小带轮包角 α_1 或带与带轮间的当量摩擦系数 f_v 越大，该 V 带传动的最大有效拉力 F_{max} 就越大，传递载荷的能力就越强。

（2）疲劳强度条件

为保证带有足够的疲劳强度，带的疲劳强度条件应该满足 V 带承受的最大应力 σ_{max}，小于或等于 V 带的许用应力 $[\sigma]$。V 带传动在工作中带承受的最大应力 $\sigma_{\max}$ 是带的紧边拉应力 σ_1、带的离心拉应力 σ_c 和带在小带轮的弯曲应力 σ_{b1} 之和(图 2-2-34)。而 V 带的许用应力 $[\sigma]$ 是在两带轮的包角均为 180°、传动比 $i = 1$、规定带的长度和应力循环次数、载荷平稳等条件下通过实验确定的。当实际工作条件与实验条件不同时,需要对其进行修正。

根据带不打滑条件和疲劳强度条件所制定的单根普通单根 V 带的许用功率 $[P_1]$ 是普通 V 带传动设计计算的依据。先用 V 带许用应力 $[\sigma]$ 求出单根普通 V 带基本额定功率 P_1,实际工作条件与实验条件不同时,对 P_1 值进行修正,修正量为单根普通 V 带基本额定功率增量 ΔP_1。故单根 V 带的许用功率可表示为:

单根 V 带许用功率

$$[P_1] = (P_1 + \Delta P_1)K_\alpha K_L \qquad (式 2-2-6)$$

P_1——单根普通 V 带基本额定功率(kw),可由表 2-2-7 查取;

ΔP_1——单根普通 V 带基本额定功率的增量(kw),可由表 2-2-8 查取;

K_α——小带轮包角修正系数,可由表 2-2-5 查取;

K_L——带长修正系数,可由表 2-2-4 查取。

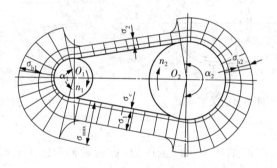

图 2-2-34　V 带的应力分布

3. V 带传动受力分析

V 带传动工作时,在主动轮的一边,作用在 V 带上的摩擦力方向与主动轮转向相同,从而带动 V 带运动;在从动轮的一边,作用在从动轮上的摩擦力方向与 V 带的运动方向相同,从而带动从动轮转动。

1) 单根带初拉力 F_0

当 V 带张紧在带轮上而未工作时(图 2-2-35),带在带轮的两侧受到相同的初拉力 F_0,工作时(图 2-2-36)V 带紧边的拉力由 F_0 增加到 F_1,松边的拉力由 F_0 减少到 F_2。由于 V 带传动的有效拉力 F 与初拉力 F_0 有密切的关系,而初拉力不足,传动可能打滑,初拉力过大,带的工作应力大,寿命会降低,所以需要对 V 带传动的初拉力 F_0 进行计算。由于 V 带传动在工作前和工作时的带长相等,所以紧边拉力的增量 $F_1 - F_0$ 等于松边拉力的减量 $F_0 - F_2$。由欧拉公式及有效拉力 F 与紧边拉力 F_1、松边拉力 F_2 关系,并考虑离心力的影响,可得

初拉力

$$F_0 = (F_1 + F_2)/2 = \frac{F}{2} \times \frac{e^{f_v \alpha_1} + 1}{e^{f_v \alpha_1} - 1} + qv^2 = \frac{500 P_d}{vz} \times \left(\frac{2.5}{K_\alpha} - 1\right) + qv^2$$

（式 2 - 2 - 7）

e—— 自然对数底，$e \approx 2.718$；

f_v—— 当量摩擦系数；

α_1—— 小带轮包角；

q—— 带单位长度质量（kg/m）；

v—— V 带带速（m/s）；

P_d—— 设计功率（kw）；

z—— 带的根数；

K_α—— 小带轮包角修正系数，可由表 2 - 2 - 5 查取。

因为新带易松弛，当传动无张紧装置时，安装新带的 F_0 应增大 50%。

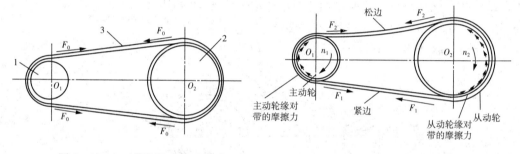

图 2 - 2 - 35　带张紧而未工作时　　　　图 2 - 2 - 36　带工作时

2）带对轴的压力 F_Q

V 带的张紧会对带轮的轴和轴承产生压力，进而对轴和轴承的强度、寿命产生影响，故设计轴和轴承时，需要用到带对轴上压力 F_Q。此处为了简化 F_Q 的计算，一般按 V 带传动张紧而未工作时的静止状态，即带轮两边均承受初拉力 F_0 来进行计算。根据图 2 - 2 - 37 进行受力分析，得

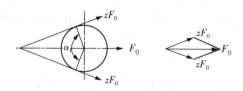

图 2 - 2 - 37　带对轴的压力

带对轴的压力

$$F_Q = 2z F_0 \sin \frac{\alpha_1}{2}$$

（式 2 - 2 - 8）

z—— 带的根数；

F_0—— 单根带初拉力（N）；

α_1 —— 小带轮包角。

从式 2-2-8 可看出,初拉力 F_0 越大,带对轴的压力 F_Q 就越大。

4. V 带传动的张紧装置

V 带传动运转一定时间后,会因为塑性变形和磨损而松弛。为了保证 V 带传动正常工作,应定期检查带的松弛程度,并使用张紧装置调整带的张紧程度,使 V 带的初拉力达到规定值。常用张紧装置有调整中心距和使用张紧轮两种,张紧方法有定期张紧和自动张紧。

1) 调整中心距

(1) 定期张紧

滑道式张紧装置(图 2-2-38)用于水平或接近水平的 V 带传动。摆架式张紧装置(图 2-2-39)则用于垂直或接近垂直的 V 带传动。这两种张紧装置都是通过旋转调节螺钉,把电动机移到所需的位置,加大 V 带传动的中心距来张紧 V 带的。

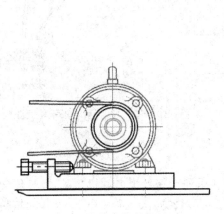

图 2-2-38　滑道式张紧装置

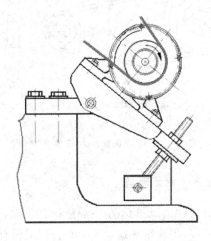

图 2-2-39　摆架式张紧装置

(2) 自动张紧

浮动摆架式张紧装置(图 2-2-40)用于小功率的 V 带传动。这种张紧装置利用电动机及电动机支架的自重使电动机绕轴摆动,实现自动张紧 V 带的目的。

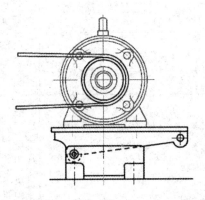

图 2-2-40　浮动摆架式张紧装置

2) 使用张紧轮

（1）定期张紧

固定张紧轮式张紧装置（图 2-2-41）用于中心距固定的 V 带传动。这种张紧装置的张紧轮多安装在 V 带松边的内侧，为不使小带轮的包角减小过多，应将张紧轮尽量靠近大带轮。

（2）自动张紧

浮动张紧轮式张紧装置（图 2-2-42）用于中心距小、传动比大的 V 带传动。这种张紧装置的张紧轮设置在带松边的外侧，并尽量靠近小带轮，可增大小带轮包角，但这样会降低带的使用寿命。

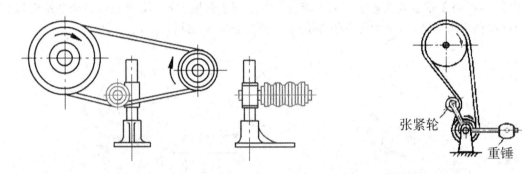

图 2-2-41　固定张紧轮式张紧装置　　　　图 2-2-42　浮动张紧轮式张紧装置

2.2.3　示范任务

试设计一通风机用的 V 带传动。已知：用 Y 系列三相异步电动机驱动，V 带传动输入功率 $P=5\text{kW}$，主动轮转速 $n_1=960\text{r/min}$，传动比 $i=3.12$，每天工作 16h，要求从动轮转速误差不超过 $\pm5\%$。

计算内容	说　　明
1. 确定设计功率 　由表 2-2-6 查得，$K_A=1.1$ 　　　　$P_d=K_A P=1.1\times5=5.5\text{kW}$	1）空、轻载启动：直流电动机、Y 系列三相异步电动机；重载起动：交流同步电动机、交流异步滑环电动机；
2. 选择 V 带型号 　由图 2-2-28 查得，V 带型号为 A 型，$d_{d1}=112\sim140\text{mm}$	（1）选型点落在分界线附近时，可选两种带型进行计算，选择其中较优的结果；
3. 确定带轮直径 　查表 2-2-2、表 2-2-3 和图 2-2-28，取 $d_{d1}=125\text{mm}$ 　　　　$d_{d2}=id_{d1}=3.12\times125=390\text{mm}$ 　查表 2-2-3，取 $d_{d2}=400\text{mm}$ 　传动比误差 $\Delta i=\dfrac{\dfrac{d_2}{d_1}-i}{i}=\dfrac{\dfrac{400}{125}-3.12}{3.12}=2.56\%\leqslant\pm5\%$	（1）选较小带轮直径，带的拉力较大，带的根数较多，带轮较宽，且带的弯曲应力较大，寿命变短；选较大带轮直径，外廓尺寸变大，重量变重。应根据现实情况进行选择；

（续表）

计算内容	说　明
4. 验算带的速度 $$v = \frac{\pi d_{d1} n_1}{60 \times 1000} = \frac{\pi \times 125 \times 960}{60 \times 1000} = 6.28\text{m/s} > 5\text{m/s}$$ 带速符合要求。	（1）一般 $5\text{m/s} \leqslant v \leqslant 25\text{m/s}$。若不符合要求，需从第 2 步（选择 V 带型号）处开始重新取 d_{d1} 值进行设计，直至带速符合要求；
5. 确定带的基准长度和中心距 初选中心距 a_0 $$0.7(d_{d1} + d_{d2}) \leqslant a_0 \leqslant 2(d_{d1} + d_{d2})$$ $$0.7 \times (125 + 400) \leqslant a_0 \leqslant 2 \times (125 + 400)$$ $$367.5\text{mm} \leqslant a_0 \leqslant 1050\text{mm}$$ 取同 $a_0 = 600\text{mm}$，计算带的基准长度 L_{d0} $$\begin{aligned}L_{d0} &= 2a_0 + \pi(d_{d1} + d_{d2})/2 + (d_{d2} - d_{d1})/4a_0 \\ &= 2 \times 600 + \pi(125 + 400)/2 \\ &\quad + (400 - 125)^2/(4 \times 600) \\ &= 2056\text{mm}\end{aligned}$$ 查表 2-2-4，取 $L_d = 2050\text{mm}$， 实际中心距 $a = a_0 + \dfrac{L_d - L_{d0}}{2} = 600 + \dfrac{2050 - 2056}{2} = 597\text{mm}$	（1）中心距较大，可增加小轮包角；但中心距过大，会降低传动平稳性，且整体尺寸变大，故先进行中心距的范围计算； （2）带的基准长度是标准值，先计算 L_{d0}，然后按其值查表选取最接近的 L_d； （3）实际工作中，考虑到带传动的安装、调整和张紧，中心距应留有调整余量；$a_{\min} = a - 0.015L_d$； $$a_{\min} = a + 0.03L_d.$$
6. 验算小带轮包角 $$\alpha_1 = 180° - 57.3° \times \frac{d_{d2} - d_{d1}}{a} = 180° - 57.3° \times \frac{400 - 125}{597}$$ $$= 153.6° > 120°$$ 小带轮包角验算合格	（1）一般 $\alpha \geqslant 120°$。传动比变小或中心距变大，可使小轮包角变大。若仍不符合要求，可在带外侧增设张紧轮，但会使带寿命变短；
7. 计算带的根数 由表 2-2-7 查得，$P_1 = 1.38$ 由表 2-2-8 查得，$\Delta P_1 = 0.11$ 由表 2-2-5 查得，$K_a = 0.93$ 由表 2-2-4 查得，$K_L = 1.04$ $$\begin{aligned}z &\geqslant \frac{P_d}{[P_1]} = \frac{K_A P}{(P_1 + \Delta P_1)K_a K_L} \\ &= \frac{5.5}{(1.38 + 0.11) \times 0.93 \times 1.04} = 3.82\end{aligned}$$ 取 $z = 4$ 根。	（1）一般 $2 \leqslant z \leqslant 5$。$z$ 过多会造成受力不均。若不符合要求，需从第 2 步（选择 V 带型号）处开始重新取 d_{d1} 值进行设计，直至带的根数符合要求； （2）查表时可采用线性插值法获得需要数据的近似值；
8. 计算初拉力 由表 2-2-9 查得，$q = 0.105\text{kg/m}$ $$F_0 = \frac{500P_d}{vz} \times \left(\frac{2.5}{K_a} - 1\right) + qv^2 = \frac{500 \times 5.5}{6.28 \times 4}\left(\frac{2.5}{0.93} - 1\right)$$ $$+ 0.105 \times 6.28^2 = 188.95\text{N}$$	（1）F_0 不足，易出现打滑，F_0 过大，则对轴的压力增大，故需计算最适宜的 F_0； （2）新带易松弛，当传动无张紧装置时，安装新带的 F_0 应增大 50%；

(续表)

计算内容	说　　明
9. 计算带轮对轴的压力 $$F_Q = 2zF_0\sin\frac{\alpha_1}{2} = 2\times 4\times 188.95$$ $$\times\sin\frac{153.6°}{2} = 1471.66\text{N}$$	（1）F_Q 会对轴和轴承的强度、寿命产生影响，为设计带轮轴和轴承，需计算 F_Q；
10. 设计带轮结构 　　由于 $d_{d1} = 125\,\text{mm}, d_{d2} = 400\,\text{mm}$，小带轮采用腹板式结构，带轮采用轮辐式结构。 　　大带轮零件图略。	（1）小带轮基准直径 $d_d \leqslant 2.5\sim 3$ 倍轴径时，采用实心式结构；腹板区域 $\geqslant 100\,\text{mm}$ 时，采用孔板式结构

2.2.4　学练任务

题目：已知带式传输机输送带的有效拉力为 $F_w = $ _____ N（表 2-2-1），输送带速度 $V_w = $ _____ m/s（表 2-2-1），滚筒直径 $D = $ _____ mm（表 2-2-1）。两班制连续单向运转，载荷轻微变化，使用期限 15 年。输送带速度允差 $\pm 5\%$。环境有轻度粉尘，结构尺寸无特殊限制，工作现场有三相交流电源，电压 380/220V。

设计内容：确定带传动的设计功率、选择 V 带型号、确定带轮直径、修正传动比、验算带的速度、确定带的基准长度和中心距、验算小带轮包角、计算带的根数、计算带安装时的初拉力、计算带轮对轴的压力、调整运动和动力参数、设计带轮结构，为计算齿轮传动和设计、绘制装配草图准备条件。

计算内容	修正区域
1. 确定设计功率	
2. 选择 V 带型号	
3. 确定带轮直径	

计算内容	修正区域
＊.传动比修正	
4.验算带的速度	
5.确定带的基准长度和中心距	
6.验算小带轮包角	
7.计算带的根数	
8.计算初拉力	

（续表）

计算内容	修正区域
9. 计算带轮对轴的压力	
＊. 运动和动力参数调整	
10. 设计带轮结构	

2.2.5 拓展任务

一、V 带传动的安装与维护

1. V 带传动安装注意事项

（1）带轮轴需平行

安装 V 带时，两带轮轴线应保持平行，两带轮的对应轮槽的中心线需重合，偏斜角度应小于 20′（图 2－2－43），否则将加剧带的磨损，甚至使带从带轮上脱落。

（2）张紧度要合适

安装 V 带时，应按规定的初拉力将带张紧。带的张紧程度可用测量力的装置检测，也可凭经验方法——按压法检验（图2－2－44），即用大拇指压下带的中部，以能按下 $10\sim15\,\mathrm{mm}$ 为宜。

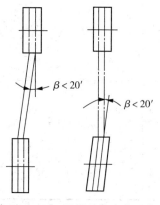

图 2－2－43 V 带轮的安装要求

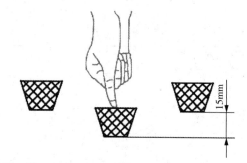

图 2－2－44 按压检验法

（3）带的位置正确

安装 V 带时，要注意 V 带的型号和基准长度。如果出现错误，会造成 V 带明显高出轮槽或与轮槽底面接触（图 2-2-45），使得 V 带的工作面不能与轮槽正确接触，传动能力降低。

| 正确 | 错误 | 错误 |

图 2-2-45 V 带的安装位置

（4）新旧带不混用

安装 V 带时，同一组使用的 V 带型号、基准长度、公差等级、生产厂家均应相同，且新旧 V 带不能同时混用，否则会导致载荷分配不均，从而降低带的寿命。

（5）不能强行安装

当新的 V 带太紧难以安装时，强行安装会损伤 V 带。应先松开张紧轮或缩小带传动的中心距，再将 V 带套上轮槽，然后调整张紧轮或中心距张紧 V 带。

（6）需设安全护罩

带传动应架设防护罩，避免其上旋转的零部件将人体或物体从外部卷入而产生危险。防护罩也可起到防止灰尘、油和其他杂物飞溅到带上的作用，以免传动受到影响。

2. V 带传动维护注意事项

（1）避免腐蚀，防止暴晒

V 带应避免与酸、碱、油等物质接触，以免腐蚀传动带。V 带也不能在阳光下暴晒，否则会加速其老化的过程。

（2）禁止润滑，清除油污

禁止向 V 带上加润滑油或润滑脂，也不能允许其带油工作，应用汽油或碱水等清洗剂及时清理 V 带轮槽内及 V 带上粘有的油污。

（3）工作温度不可过高

V 带的工作温度一般不宜超过 60℃。带的工作温度可用测温装置检测，也可凭经验方法检验，即停机后，立即用手触摸 V 带，持续 1 分钟都不觉得烫手，即为温度不高。

（4）部分损坏，全部更换

若一组 V 带中的一根或几根松弛或损坏，应对整组 V 带进行全部更换，以免载荷不均加速新带损坏。仍可使用的旧带经过测量，实际长度相同的可以重新组合使用。

（5）定期检查，及时修复

V 带传动需定期检查，发现损坏的 V 带应及时更换。V 带轮出现变形、开裂、轴承磨损或键松动等情况，也应及时修复或更换有关零部件。

（6）长期不用，松弛皮带

如带传动长期不使用，应将 V 带卸下，挂在通风干燥处，或松开张紧轮，使皮带处于松弛状态，延长其使用寿命。

二、链传动

1. 链传动概述

链传动(图2-2-46)是一种用链作为中间挠性件的啮合传动,由两轴平行的大、小链轮和链条组成。链传动主要用于在传动过程中要求工作可靠、两轴距离较远、平均传动比准确但不宜采用齿轮传动的场合,广泛应用于农业、矿山、冶金、运输行业及机床和轻工机械中。

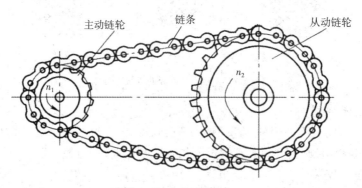

图2-2-46 链传动

链传动根据用途的不同,可分为传动链、起重链和牵引链。传动链用于在机械中传递运动和动力,如自行车中的链传动;起重链用于在各种起重机械中提升货物,如起重机中的链传动;牵引链用于运输机械中输送物料或机件,如斗式提升机中的链传动。

传动链根据结构的不同又分为齿形链(图2-2-47)和滚子链(图2-2-48)等。齿形链运转平稳、噪音小,适用于高速、高精度的场合,但成本较高,重量较大,易磨损,故一般机械传动中常用滚子链。

图2-2-47 齿形链

图2-2-48 滚子链

1) 链传动的优点

(1) 没有弹性滑动和打滑现象,可以保持准确的平均传动比。

(2) 效率较高,一般链传动效率为 $97\% \sim 98\%$。

(3) 承载能力大,在同条件下,比带传动结构更紧凑。

(4) 链的张紧力较小,对轴的压力较小。

(5) 能在温度较高、有水或有油等恶劣环境下工作。

2) 链传动的缺点

(1) 只能用于平行轴之间的传动。

(2) 瞬时传动比不稳定,传动平稳性差。

（3）工作时振动，冲击和噪音较大。

（4）磨损后易发生跳齿和脱链。

（5）不宜用于载荷变化很大和急速反转的场合。

2. 滚子链和链轮的结构

1）滚子链

（1）滚子链结构

滚子链是由内链板、滚子、套筒（图 2-2-49）和外链板、销轴（图 2-2-50）组成的。套筒与内链板，销轴与外链板分别用过盈配合连接。滚子与套筒，套筒与销轴之间为间隙配合。当内链板与外链板相对转动时，内链板上的套筒可绕外链板上的销轴自由旋转，滚子活套在套筒的外部以减轻链轮齿廓对套筒的磨损。为了减轻总体重量和使链板各截面强度接近相等，内外链板均制成 8 字形。

链条上相邻两销轴的中心距称为链的节距，用 P 表示（图 2-2-51）。当传递功率较大时，可采用较大节距的链条或多排链，其中最常用的是双排链（图 2-2-52）。

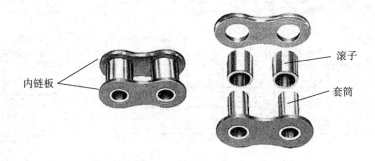

图 2-2-49　内链节

图 2-2-50　外链节

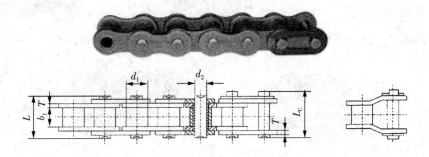

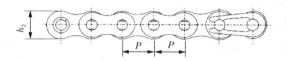

图 2-2-51 单排滚子链

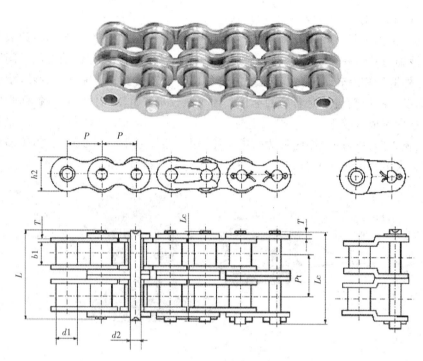

图 2-2-52 双排滚子链

当链节数为偶数时,链条的两端正好是外链板与内链板相联接,联接链节可用弹簧夹(图 2-2-53、图 2-2-54)或开口销(图 2-2-55)固定,前者一般用于小节距,后者一般用于大节距。当链节数为奇数时,则需要使用过渡链节(图 2-2-56)来联接。由于过渡链节的弯链板在工作时要承受附加弯矩,所以设计时应尽量避免奇数个链节。

图 2-2-53 开口弹簧夹式　　　图 2-2-54 闭口弹簧夹式　　　图 2-2-55 开口销式

图 2-2-56 过渡链节

（2）滚子链型号

滚子链已标准化，常用滚子链的主要参数见表 2-2-11，其中链号数字乘以 $\frac{25.4}{16}$ mm 即为该链的节距值。链的号数越大，其节距就越大，承载能力也就越高。

表 2-2-11　常用滚子链基本参数

链号	节距 P/mm	排距 P_t/mm	滚子外径 d_1/mm	内链节内宽 b_1/mm	销轴直径 d_2/mm	内链板高度 h_2/mm	单排极限拉伸载荷 Q/N	单排质量 q/(kg/m)
05B	8.00	5.64	5.00	3.00	2.31	7.11	4400	0.18
06B	9.525	10.24	6.35	5.72	3.28	8.26	8900	0.40
08B	12.70	13.92	8.51	7.75	4.45	11.81	13800	0.65
08A	12.70	14.38	7.92	7.85	3.96	12.07	17800	0.65
10A	15.875	18.11	10.16	9.40	5.09	15.35	21800	1.00
12A	19.05	22.78	11.91	12.57	5.96	18.34	31100	1.50
16A	25.40	29.29	15.88	15.75	7.94	24.39	55600	2.60
20A	31.75	35.76	19.05	18.90	9.54	30.48	86700	3.80
24A	38.10	45.44	22.23	25.22	11.11	36.55	124600	5.06
28A	44.45	48.87	25.40	25.22	12.71	42.67	169000	7.50
32A	50.80	58.55	28.58	31.55	14.29	48.74	222400	10.10
40A	63.50	71.55	39.68	37.85	19.85	60.93	347000	16.10
48A	76.20	87.83	47.63	47.35	23.81	73.13	500400	22.60

注：（1）使用过渡链节时，其极限拉伸载荷按列表数值的 80% 计算。

　　（2）对于多排链，除 05B、06B、08B 外，极限拉伸载荷列表数值乘以排数计算。

滚子链的标记方法是：链号 — 排数 × 链节数　　标准号。

2）链轮

（1）链轮材料

链轮的材料应保证轮齿有足够的耐磨性和强度。链轮常用材料有碳素钢（20、35、45）、铸铁（HT200）和铸钢（ZG310—570）。重要场合采用合金钢（20Cr、40Cr、35SiMn）。同一根链条工作时小链轮的啮合次数比大链轮多，因此小链轮的材料、硬度要高于大链轮。

（2）链轮结构

链轮的轮齿齿形应保证链节能自由的进入和退出啮合，并在啮合时保证良好的接触，同时形状应简单，易加工。现在链轮的齿形已标准化，只需给出链轮的节距、齿数和分度圆直径即可。

链轮的轮辐结构有三种形式，一般小直径的链轮可制作成实心式（图 2-2-57），中等直径的链轮可制作成孔板式（图 2-2-58），直径较大的链轮，为便于更换磨损后的轮缘齿圈，可设计成组合式结构（图 2-2-59）。

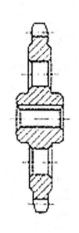
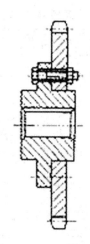

图 2 - 2 - 57　实心式链轮　　　图 2 - 2 - 58　孔板式链轮　　　图 2 - 2 - 59　组合式链轮

3. 链传动的张紧与润滑

1) 链传动的张紧方法

链传动的张紧主要是为了避免链条啮合不良和链条振动,同时也可增大链条与链轮的啮合包角。当两轴中心距较大、两轴接近垂直布置,或多链传动、反向传动时需要考虑张紧链条。

(1) 调整中心距

如链传动的中心距可以调整,可采取增大中心距的方法使链张紧,中心距调整量可取 $2P$(P 为链条节距)。

(2) 缩短链长

当链传动的中心距不可调,又没有张紧装置时,可以采取去掉 $1 \sim 2$ 个链节来缩短链长的方法张紧链。

(3) 使用张紧轮

张紧轮(图 2 - 2 - 60)一般安装在靠近主动链轮松边的外侧,也可以位于内侧,张紧轮可以是链轮或没有齿的滚轮,也可以采用压板或托板(图 2 - 2 - 61)来张紧链,特别是中心距很大的场合,使用托板来控制链的垂度更为合适。

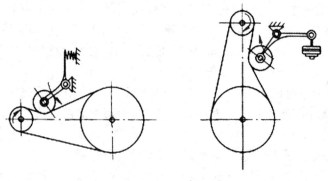

图 2 - 2 - 60　张紧轮

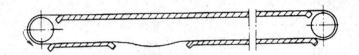

图 2-2-61 托板

2) 链传动的润滑方式

链传动的润滑十分重要,良好的润滑可以减少摩擦、降低磨损,提高工作能力和延长链条、链轮的使用寿命。

（1）人工润滑

用油壶或油刷在链条松边内、外链板间隙中注油,每班一次。适用于链的速度 $v \leqslant 4\mathrm{m/s}$ 的不重要链传动。

（2）滴油润滑

用油杯通过油管将油滴入链条松边内、外链板间隙中,单排链每分钟约 $5 \sim 20$ 滴,速度高时取大值。适用于 $v \leqslant 10\mathrm{m/s}$ 的链传动。

（3）油浴润滑

将链条的松边浸入油池中,链条浸油深度为 $6 \sim 12\mathrm{mm}$,速度高时取小值。适用于 $v \leqslant 12\mathrm{m/s}$ 的链传动。

（4）飞溅润滑

在密闭的外壳内,在链轮侧边安装甩油盘,将油甩起并沿壳体内壁汇集后,引导至链条上。甩油盘圆周速度 $v \geqslant 3\mathrm{m/s}$,甩油盘浸油深度 $12 \sim 15\mathrm{mm}$。

（5）喷油润滑

在密闭的外壳内,采用油泵供油,将油喷到链条与链轮啮合处,循环的润滑油还可起到冷却的作用。适用于 $v \geqslant 8\mathrm{m/s}$ 的大功率链传动。

2.2.6 自测任务

一、单选题

1. 在要求传递运动准确、可靠的场合,如数控机床等设备中,宜选用( )传动。

A. 平带　　　　　B. V 带　　　　　C. 多楔带　　　　　D. 同步带

2. 链传动设计中,应尽量采用( )个链节,链条的两端正好是外链板与内链板相联接。

A. 奇数　　　　B. 偶数　　　　C. 5 的倍数　　　　D. 链轮齿数的倍数

3. V 带传动的主要失效形式为( )。

A. 打滑和疲劳破坏　　　　　　B. 打滑和工作面磨损

C. 疲劳破坏和工作面磨损　　　　D. 打滑、疲劳破坏和工作面磨损

4. 以下有关于 V 带安装和维护的注意事项,( )是正确的。

A. V 带与带轮之间应定期润滑　　　B. 新带安装较紧时可用工具撬入

C. V 带需张紧到手指按不动的状态　　D. V 带的底面不能与带轮槽底面接触

二、判断题

1. 弹性滑动是一种无法避免的物理现象,所以弹性滑动是摩擦带传动固有的特性。( )

2. 带传动长期不使用时,可将 V 带卸下,挂在通风干燥处,延长其使用寿命。(　　)

3. 普通 V 带的楔角为 $40°$,为使带与带间配合紧密,V 带的轮槽也为 $40°$。(　　)

4. 普通 V 带按截面尺寸大小分为 A、B、C、D、E 五个型号,其中 A 型为最小型的 V 带。(　　)

三、简答题

1. 与带传动相比,链传动有哪些优点和缺点?

2. V 带传动中为什么同组 V 带的根数不宜过多,如设计计算过程中出现根数过多,如何解决?

3. 带传动使用内张紧轮时应靠近大带轮还是小带轮?使用外张紧轮又该如何?请分析两种张紧方式的利弊。

4. 试设计一旋转水泵用普通 V 带传动。原动机为电动机 Y160M−4,额定功率 $P = 11\text{kW}$,转速 $n_1 = 1460\text{r/min}$,水泵轴的转速 $n_2 = 1460\text{r/min}$,轴间距为 1500mm,每天工作 24h。要求从动轮转速误差不超过 $±5\%$。

子项目 3　带式传输机中减速器的齿轮传动设计

能力目标：

(1) 能根据已知条件和齿轮设计的基本理论与基本设计计算方法,独立设计齿轮传动;

(2) 能根据齿轮参数的测量方法,对直齿圆柱齿轮的主要参数进行测量与计算;

(3) 能根据要求正确安装齿轮传动,并能完成常规维护工作;

(4) 能够正确使用设计资料、查阅工程设计手册、国家标准、规范以及有关工具书等。

知识目标：

(1) 了解各类齿轮传动的工作原理和特性;

(2) 了解变位齿轮与变位传动;

(3) 了解齿轮系的分类及功用;

(4) 熟悉齿轮传动的失效形式;

(5) 熟悉各类齿轮的受力和转向;

(6) 掌握齿轮的正确啮合条件和连续传动条件;

(7) 掌握直齿圆柱齿轮传动的基本设计理论和基本设计计算方法。

素质目标：

(1) 培养学生的求知欲、合作能力及协调能力;

(2) 培养学生的观察和分析能力;

(3) 引导学生思考、启发学生提问、训练自学方法。

2.3.1　任务导入

设计如图 2−3−1 所示的带式传输机中的传动装置。

设计要求:两班制连续单向运转,载荷轻微变化,使用期限 15 年。输送带速度允差 ±5%。动力来源电动机,三相交流,电压 380/220V。

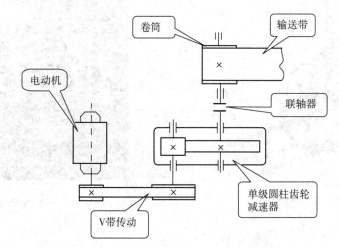

图 2-3-1 带式传输机中的传动装置

原始数据:

表 2-3-1 带式传输机的设计数据

数据编号	1	2	3	4	5	6	7	8	9	10
运输带工作拉力 F/N	1100	1150	1200	1250	1300	1350	1400	1450	1500	1600
运输带工作速度 v/(m/s)	1.5	1.6	1.7	1.5	1.55	1.6	1.55	1.6	1.7	1.8
卷筒直径 D/mm	250	260	270	240	250	260	250	260	280	300

设计内容:选择齿轮的材料、按接触强度设计齿轮、确定齿轮的模数和齿数、确定实际中心距、确定齿轮齿宽、校核轮齿弯曲强度、齿轮参数计算、验算圆周速度、设计齿轮结构,为计算轴和设计、绘制装配草图准备条件。

2.3.2 相关知识

一、齿轮传动基本知识

1. 齿轮传动概述

齿轮传动用于传递空间任意两轴或多轴间的运动和动力。据史料记载,人类远在公元前 400 ～ 200 年就已开始使用齿轮了,中国古代的指南车(图 2-3-2)和记里鼓车就是以齿轮传动为核心的机械装置。到了中世纪,机械钟表开始逐步走入人们的生活,随着零件越来越轻巧,巨大的钟楼机芯组件(图 2-3-3)变成了机械腕表。现如今,齿轮传动广泛应用于冶金、矿山、石油化工、发电机组(图 2-3-4、图 2-3-5)、大型船舶的传动机构中,是应用最广的传动机构之一,是现代机械传动系统中重要的组成部分。

图 2-3-2　指南车

图 2-3-3　钟楼机芯

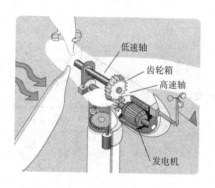

图 2-3-4　风力发电机组

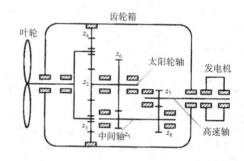

图 2-3-5　风力发电机组齿轮箱运动简图

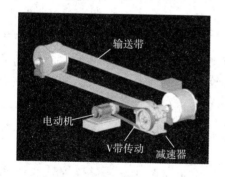

图 2-3-6　带式传输机传动装置

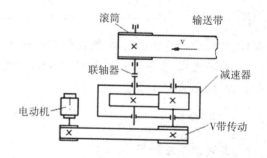

图 2-3-7　带式传输机传动装置运动简图

1）齿轮传动的优点：

（1）传动比稳定，传递运动准确可靠。

（2）承载能力高，可达数万千瓦，结构紧凑。

（3）传动效率较高，一般圆柱齿轮传动效率可达 98% ～ 99%。

（4）使用寿命较长。

（5）能传递任意夹角的两轴间运动。

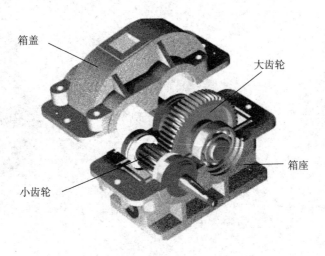

图 2 - 3 - 8　一级圆柱齿轮减速器内的齿轮传动

2）齿轮传动的缺点：

（1）制造、安装精度要求较高。

（2）制造成本较高。

（3）对冲击较敏感，且有较大噪音。

（4）不宜作远距离传动。

2. 齿轮传动的类型

1）按两轴相对位置分类

（1）平面齿轮运动：相对运动为平面运动，传递平行轴间的运动。

（2）空间齿轮运动：相对运动为空间运动，传递不平行轴间的运动。

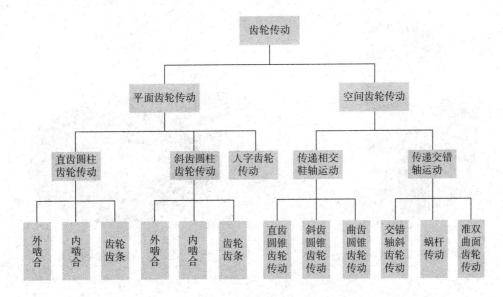

图 2 - 3 - 9　齿轮传动的类型

图 2 - 3 - 10　直齿圆柱齿轮传动　图 2 - 3 - 11　斜齿圆柱齿轮传动　图 2 - 3 - 12　人字齿轮传动

图 2 - 3 - 13　直齿内啮合圆柱齿轮传动　　　　图 2 - 3 - 14　直齿齿轮齿条

图 2 - 3 - 15　直齿圆锥齿轮传动　　　　图 2 - 3 - 16　斜齿圆锥齿轮传动

图 2-3-17　交错轴斜齿轮传动　　　　图 2-3-18　蜗杆传动

2）按工作条件分类

（1）开式齿轮传动：齿轮外露，润滑情况差，不能防尘。

（2）半开式齿轮传动：齿轮浸在油池中，润滑情况较好，上装护罩，但不能完全封闭，不能完全防尘。

（3）闭式齿轮传动：齿轮传动封闭在箱体内，润滑条件良好，能防尘。

重要的齿轮传动均采用闭式齿轮传动，例如：减速器中的齿轮传动（图 2-3-8）。低速或不重要的齿轮传动可采用开式、半开式传动，例如：回转窑中的齿轮传动（图 2-3-19）。

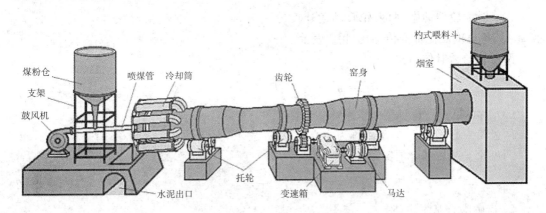

图 2-3-19　水泥回转窑模型

3）按齿面硬度分类

（1）软齿面齿轮传动：两齿轮之一或两齿轮齿面硬度 $\leqslant 350\mathrm{HBW}$ 的齿轮传动。

（2）硬齿面齿轮传动：齿面硬度 $> 350\mathrm{HBW}$ 的齿轮传动。

3. 齿轮传动的基本要求

齿轮传动的类型很多，但在传递运动和动力的过程中，各种齿轮传动都必须解决两个基本问题：

（1）传动准确、平稳

即要求齿轮在传动过程中保证瞬时传动比恒定不变，尽可能减小齿轮在啮合过程中的冲击、振动和噪音。

（2）足够的承载能力

即齿轮在尺寸、质量较小的前提下，还要具备正常使用所需的强度、耐磨性等方面的性能，保证该齿轮传动在预定的使用期限内不发生失效。

4. 齿廓啮合基本定律

一对齿轮传动时的瞬时传动比恒定，即瞬时角速度之比为定值，该齿轮传动才能保证准确、平稳，否则不仅会影响齿轮的强度和寿命，还会产生冲击、振动和噪音。

1）齿廓啮合的基本概念

（1）公法线

如图 2-3-20，K 点为两齿轮轮齿啮合时的接触点，过 K 点作与两齿廓公切线垂直的直线 $n-n$，即为两齿廓在 K 点处的公法线。

（2）节点

公法线 $n-n$ 与两齿轮连心线 O_1O_2 的交点 P（图 2-3-20），称为节点。

（3）节圆

分别以 O_1、O_2 为圆心，过 P 点作两个相切的圆，称为节圆。两齿轮啮合的节圆半径用 r_1'、r_2' 表示。

（4）传动比

在一对齿轮传动中，两齿轮转动角速度分别为 ω_1 和 ω_2，其角速度之比称为传动比，用 i 表示。

两齿轮的瞬时传动比

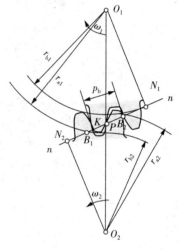

图 2-3-20　齿轮啮合过程

$$i_{12} = \omega_1/\omega_2 = \overline{O_2P}/\overline{O_1P} = r_2'/r_1' \qquad \text{（式 2-3-1）}$$

（5）中心距

两齿轮中心 O_1、O_2 的距离称为中心距，用 a 表示。

两齿轮安装后啮合的实际中心距

$$a' = r_1' + r_2' \qquad \text{（式 2-3-2）}$$

2）齿廓啮合基本定律

一对齿轮啮合传动时，两齿轮的轴心 O_1、O_2 是定点，连心线 O_1O_2 是定长，由瞬时传动比公式可知，欲使瞬时传动比 i_{12} 为常数，$\overline{O_2P}/\overline{O_2P}$ 必为常数，即 P 点必须是 O_1O_2 上固定不动的点。由此可推论，欲使齿轮传动保持传动比恒定，不论两齿轮的齿廓在哪一点接触，其接触点的公法线与两轮连心线应交于一固定点，这就是齿廓啮合基本定律。

凡是能够满足齿廓啮合基本定律而互相啮合的一对齿廓称为共轭齿廓。能作为共轭齿廓且满足定传动比的曲线在理论上有无数种，但在生产实践中，选择齿廓曲线还必须从设计、制造、安装和使用等多方面综合考虑。目前常用的齿廓曲线有渐开线(图 2-3-21)、摆线(图 2-3-22)、圆弧等,其中渐开线齿廓易于制造、便于安装,应用最广。

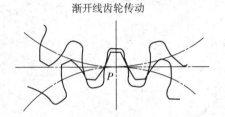

渐开线齿轮传动

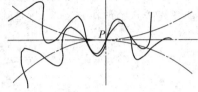

泛摆线齿轮传动

图 2-3-21　渐开线齿轮齿廓曲线　　图 2-3-22　泛摆线齿轮齿廓曲线

5. 渐开线齿廓啮合特性

1) 渐开线齿廓的基本概念

(1) 渐开线

当一直线 NK 在一固定圆 O 上作纯滚动时,该直线上任一点的轨迹 AK 称为该圆的渐开线(图 2-3-23、图 2-3-24)。

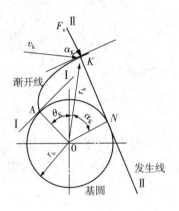

图 2-3-23　渐开线的形成

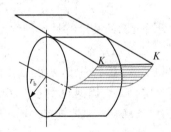

图 2-3-24　渐开线齿廓的形成

(2) 基圆

固定圆 O 称为渐开线的基圆,其半径用 r_b 表示。

(3) 发生线

直线 NK 称为渐开线的发生线。

(4) 展角

点 K 的向径 OK 与起始点 A 的向径 OA 间的夹角 θ_k 称为渐开线 AK 段的展角。

(5) 压力角

两齿轮啮合时 K 点正压力 F_n 的方向与其作用点的速度 v_k 的方向所夹锐角称为渐开线在 K 点的压力角 α_k。

2) 渐开线的基本特性

(1) 发生线沿基圆滚过的线段长度等于基圆上被滚过的圆弧长度,即 $\overline{NK} = \overline{NA}$。

(2) 发生线 $\overline{NK}$ 既是渐开线 K 点的法线,又是基圆的切线。

（3）渐开线上各点的压力角不等，向径越大的点，即离圆心越远的点，压力角 α_k 越大。渐开线在基圆上的压力角等于零。

（4）渐开线的形状取决于基圆大小。基圆越小，渐开线越弯曲；基圆越大，渐开线越平直。基圆半径无穷大时，渐开线成为直线（图 2-3-25）。

（5）渐开线的起始点在基圆上，故基圆内无渐开线。

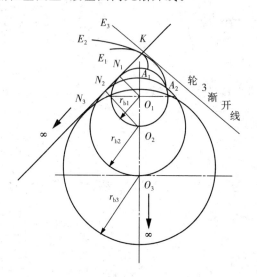

图 2-3-25　不同基圆半径的渐开线形状

3）渐开线齿廓的啮合特性

（1）传动比的恒定性

根据渐开线的基本特性，两齿廓在任意点 K 啮合时，过 K 作两齿廓的法线 N_1N_2，是基圆的切线，为定直线。因两轮中心 O_1O_2 连线也为定直线，故两线的交点 P 必为定点。故渐开线齿廓满足齿廓啮合基本定律。

渐开线齿轮的传动比

$$i_{12} = \omega_1/\omega_2 = O_2\overline{P}/O_1\overline{P} = 常数 \qquad (式 2-3-3)$$

工程意义：i_{12} 为常数可减少因速度变化所产生的附加动载荷、振动和噪音，延长齿轮的使用寿命，提高机器的工作精度。

（2）传力的平稳性

两齿轮的接触点称为啮合点，N_1N_2 是啮合点的轨迹，称为理论啮合线。啮合线 N_1N_2 与两节圆公切线之间的夹角 α' 称为啮合角（图 2-3-26），α' 也是节圆上的压力角。根据渐开线的基本特性，啮合线既是两基圆的公切线，又是接触点的法线，故齿轮的传力方向总是沿 N_1N_2 方向（图 2-3-26），啮合角为定值。

工程意义：齿轮齿廓间正压力方向不变，当传递的转矩一定时，齿廓之间的作用力也为定值，对传动的平稳性有利。

（3）中心距的可分离性

由图 2-3-26可知：

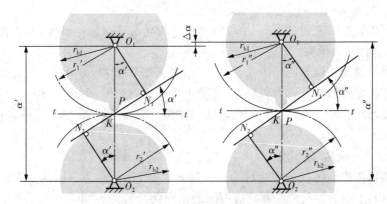

图 2 - 3 - 26 渐开线齿廓啮合特性

渐开线齿轮的传动比

$$i_{12} = \omega_1/\omega_2 = O_2\overline{P}/O_1\overline{P} = r_2'/r_1' = r_{b2}/r_{b1} = 常数 \qquad (式 2 - 3 - 4)$$

渐开线齿轮的传动比不仅与节圆半径成反比,也与两基圆的半径成反比。当一个渐开线齿轮的齿廓加工完成之后,其基圆大小已是确定值。此时,即使两轮中心距略有改变,也不会影响两轮的传动比。

工程意义:在实际生产中,因制造、安装等误差导致实际中心距与设计中心距略有偏差时,两轮传动比不受影响,对加工和装配很有利。

6. 渐开线齿轮的基本参数

1) 齿轮的各部分名称与符号

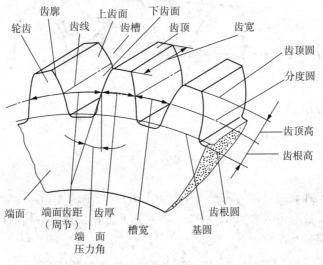

图 2 - 3 - 27 齿轮各部分名称

(1) 齿顶圆

齿轮各齿所在的圆,其直径用 d_a 表示。

(2) 齿根圆

齿轮各齿槽底部所在的圆,其直径用 d_f 表示。

（3）分度圆

在齿顶圆和齿根圆之间，规定一个设计和制造齿轮的基准圆，其直径用 d 表示。

（4）齿距、齿厚、齿槽宽

相邻两个轮齿同侧齿廓之间的弧长称为齿距（图 2-3-27），分度圆上齿距用 p 表示。一个轮齿两侧齿廓之间的弧长称为齿厚，分度圆上齿厚用 s 表示。一个齿槽两侧齿廓之间的弧长称为齿槽宽，分度圆上齿槽宽用 e 表示。标准齿轮的分度圆上齿厚与齿槽宽相等，$p = s + e$，$s = e = p/2$。

（5）全齿高、齿顶高、齿根高

从齿顶圆到齿根圆的径向距离称为全齿高，用 h 表示。从齿顶圆到分度圆的径向距离称为齿顶高，用 h_a 表示。从分度圆到齿根圆的径向距离称为齿根高，用 h_f 表示。全齿高为齿顶高与齿根高之和，$h = h_a + h_f$。

（6）顶隙、侧隙

在两齿轮啮合传动时，除需保证其中一轮的齿顶与另一轮的齿槽底部及齿根过渡曲线不要干涉，还需留有一定的润滑油存储空间，故在一轮的齿顶圆与另一轮的齿根圆之间留有一定的间隙，称为顶隙，用 c 表示（图 2-3-28）。同理，为了避免在啮合传动过程中轮齿热膨胀而卡死，且啮合的齿廓之间也需形成油膜来润滑，因此齿轮的齿廓之间也必须留有间隙，此间隙称为齿侧间隙，简称侧隙。不同的是，齿侧间隙很小，通常由制造公差来保证，因为它的存在会产生冲击，影响齿轮传动的平稳性，所以齿轮运动的设计仍按齿侧间隙为零进行。

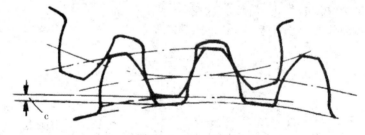

图 2-3-28　顶隙

2）齿轮的基本参数

（1）齿数

一个齿轮的轮齿总数称为齿数，用 z 表示。

（2）模数

齿距 p 除以无理数 π 所得的商称为模数，用 m 表示，单位 mm，$m = p/\pi$。齿轮的分度圆直径等于该齿轮模数与齿数之积，$d = mz$。国家标准把模数规定为标准值，以便于齿轮的设计、制造、安装及满足互换性。

表 2-3-2　渐开线圆柱齿轮模数（部分）

第一系列	1,1.25,1.5,2,2.5,3,4,5,6,8,10,12,16,20,25,32,40,50
第二系列	1.25,1.375,1.75,2.25,2.75,3.5,4.5,5.5,(6.5),7,9,11,14,18,22,28,35,45

注:（1）选用模数时应优先采用第一系列，其次是第二系列，括号内的模数尽量不用。

　　（2）本表适用于渐开线圆柱齿轮，对斜齿轮是指法面模数。

　　模数的大小可以反映齿轮轮齿的大小(图2-3-29),模数越大,轮齿越大,能够承受的载荷就越大;反之,模数越小,轮齿越小,能够承受的载荷就越小。当齿轮的模数一定时,齿数越多,齿轮的直径越大,齿轮的齿廓曲线也越趋近于平直(图2-3-30),当齿轮的直径趋向于无穷大时,齿轮将演变为齿条。

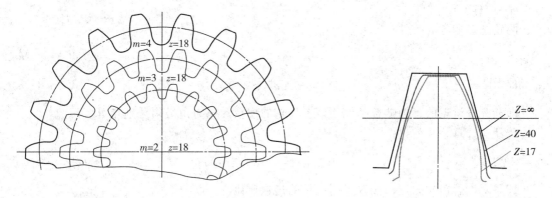

图2-3-29　同一齿数但不同模数的齿轮　　图2-3-30　同一模数但不同齿数时的齿形

（3）齿轮压力角

　　渐开线齿廓在分度圆处的压力角称为齿轮压力角,简称压力角,用 α 表示(图2-3-31)。压力角的大小影响齿轮的传力性能和抗弯能力,综合考虑齿轮的承载能力、制造和互换性,国家标准规定分度圆上的压力角为标准值,$\alpha=20°$。实际生产中,也有非标准的其他角度压力角,如:$14.5°$、$15°$、$17.5°$、$22.5°$。

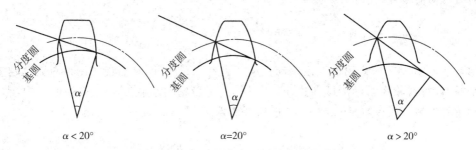

$\alpha<20°$　　　　　　　　$\alpha=20°$　　　　　　　　$\alpha>20°$

图2-3-31　压力角不同时轮齿的形状

（4）齿顶高系数、顶隙系数

　　为了用模数来表示齿顶高和顶隙,引入了齿顶高系数和顶隙系数。齿顶高与模数的比值称为齿顶高系数,用 h_a^* 表示,齿轮的齿顶高 $h_a=h_a^*m$。顶隙与模数的比值称为顶隙系数,用 c^* 表示,齿轮的顶隙 $c=c^*m$。由此可推,齿轮的齿根高 $h_f=(h_a^*+c^*)m$。我国齿顶高系数和顶隙系数标准数值如表2-3-3。

表2-3-3　齿顶高系数和顶隙系数

系数	h_a^*	c^*
正常齿制	1	0.25
短齿制	0.8	0.3

7. 渐开线齿轮的啮合传动

1）正确啮合

一对齿轮能正确的啮合时,随着齿轮的转动,处于啮合线上的各轮齿都能顺利地进入另一齿轮的齿槽中。为此,一对互相啮合的齿轮法向齿距必须相等,即 $P_{b1} = P_{b2}$,又 $P_b = \pi m \cos\alpha$,故

两轮正确啮合的条件

$$\pi m_1 \cos\alpha_1 = \pi m_2 \cos\alpha_2 \qquad (式\ 2-3-4)$$

即,

$$m_1 = m_2 = m; \alpha_1 = \alpha_2 = \alpha \qquad (式\ 2-3-5)$$

即渐开线齿轮的正确啮合条件为两个齿轮的模数和压力角必须分别相等。因此,

传动比计算公式简化

$$i_{12} = \omega_1 / \omega_2 = d_2 / d_1 = z_2 / z_1 \qquad (式\ 2-3-6)$$

即一对啮合齿轮的传动比等于两齿轮的齿数反比。

2）连续传动

为了使两个齿轮的各个轮齿能够依次连续进入啮合,传动不出现停顿,必须保证前一对轮齿还未脱离啮合时,后一对轮齿就要进入啮合。图 $2-3-32$ 中 $\overline{B_1 B_2}$ 是两轮的实际啮合线,当 $\overline{B_1 B_2}$ 的长度大于等于轮齿的基圆齿距 p_b 时,齿轮传动的任一瞬间至少有一对轮齿正在啮合,齿轮的传动才不致中断。$\overline{B_1 B_2}$ 与 p_b 的比值称为齿轮传动的重合度,用 ε 表示。

齿轮传动的重合度

$$\varepsilon = \frac{\overline{B_1 B_2}}{P_b} \geqslant 1 \qquad (式\ 2-3-7)$$

当 $\varepsilon \geqslant 1$ 的时候,两齿轮能够连续的传动。重合度越大,同时啮合的轮齿对数就越多,传动越平稳,且每对轮齿承受的载荷也小,相对提高了齿轮的承载能力。实际生产中,考虑齿轮的制造和安装等误差,应使 $\varepsilon > 1$,一般机械常取 $\varepsilon = 1.1 \sim 1.4$。

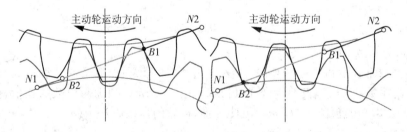

图 $2-3-32$ 渐开线齿轮实际啮合线

3）标准安装

为防止传动时产生冲击、噪音和影响传动精度,理论上安装好的两齿轮的齿侧间隙应该为零。对于一对啮合的渐开线标准齿轮,其分度圆上的齿厚等于齿槽宽,即 $s_1 = e_1 = s_2 = e_2 = \pi m/2$。由此可知,两轮的分度圆与节圆重合时,可实现无侧隙啮合传动。此时的中心距称为标准中心距,用 a 表示。

标准中心距

$$a = r_1' + r_2' = r_1 + r_2 = m(z_1 + z_2)/2 \qquad (式\ 2-3-8)$$

一对标准齿轮按标准中心距安装时称为标准安装。此时,两轮的理论齿侧间隙为零,顶隙也为标准值。

二、齿轮加工基本知识

1. 齿轮的材料及热处理

作为机械传动装置中的重要零件,一般要求齿轮的承载能力强且使用寿命长。所以,制造齿轮的材料芯部要有足够的韧性以拥有较好的耐冲击能力,轮齿的表面要有较高的硬度以抵抗使用过程中的磨损和变形。由于实际加工需要,该材料还需有良好的加工工艺性能及热处理性能。

1) 锻钢

锻钢强度高、韧性好,适合于制造受力大、要求高的重要零部件,如齿轮。

软齿面齿轮传动的齿面硬度 $\leqslant 350\mathrm{HBW}$,常用中碳钢和中碳合金钢,如 45 钢、40Cr、35SiMn 等材料。这种材料常调质或正火处理,成品齿轮用于中小载荷、速度且精度要求不高的机械中。软齿面齿轮传动由于齿面硬度不高,且小齿轮承受载荷的次数多于大齿轮,选择配对的大小齿轮材料时,小齿轮的齿面硬度要比大齿轮的齿面硬度高 $30\sim50\mathrm{HBW}$。

硬齿面齿轮传动的齿面硬度 $> 350\mathrm{HBW}$,常用中碳钢和中碳合金钢表面淬火处理或低碳钢和低碳合金钢齿面渗碳淬火。热处理后常需进行磨齿处理,或直接采用轮齿变形较小的渗氮处理,成品齿轮用于重载、高速且精密的机械中。合金钢材料中的合金成分以及适当的热处理会使其力学性能提高,如 20CrMnTi 等材料,因此合金钢齿轮适用于重载、高速工作环境的同时,还兼具尺寸小、重量轻的特点,常用于航天、航空领域。

2) 铸钢、铸铁

铸造件是在液态金属浇注到铸型内成形的,一般用于制作尺寸较大、形状复杂的齿轮。铸钢件具有较高的强度、塑性和韧性,但吸振性、耐磨性不如铸铁件。铸铁件有较好的减摩性能和加工性能,成本较铸钢更低,但强度较低,耐冲击能力较差,一般用于制作速度不高、承力不太大的齿轮。

3) 非金属材料

高速、轻载、精度不高的工作环境中,常使用尼龙、夹布胶木等非金属材料制作齿轮,以达到减轻振动和噪音的目的。

表 2-3-4　齿轮常用材料

材料	牌号	热处理	硬度	应用范围
优质碳素钢	45	正火	$169\sim217\mathrm{HBW}$	低速轻载
		调质	$217\sim255\mathrm{HBW}$	低速中载
		表面淬火	$48\sim55\mathrm{HRC}$	高速中载,冲击小
	50	正火	$180\sim220\mathrm{HBW}$	低速轻载

（续表）

材料	牌号	热处理	硬度	应用范围
合金钢	20Cr	渗碳淬火	56～62HRC	高速中载，承受冲击
	40Cr	调质 表面淬火	240～260HBW 48～55HRC	中速中载 高速中载，无剧烈冲击
	42SiMn	调质 表面淬火	217～269HBW 45～55HRC	高速中载，无剧烈冲击
	20CrMnTi	渗碳淬火	56～62HRC	高速中载，承受冲击
铸钢	ZG310－570	正火 表面淬火	160～210HBW 40～50HRC	中速中载，大直径
	ZG340－640	正火 调质	170～230HBW 240～270HBW	
球墨铸铁	QT600－3 QT500－5	正火	147～241HBW 220～280HBW	低、中速轻载，冲击小
灰铸铁	HT200 HT300	低温退火	170～230HBW 187～235HBW	低速轻载，冲击小

2. 齿轮的结构形式

齿轮的最外缘称为轮缘，轮缘上有轮齿。齿轮的最内侧称为轮毂，一般开有键槽，用于与轴连接。轮缘和轮毂之间的是轮辐，轮幅有整体的，也有腹板式的和轮辐式的。

1）齿轮轴

对于直径较小的钢制齿轮，当齿根圆直径与轴的直径相差较小时，应将齿轮和轴做成一体，称为齿轮轴（图2-3-33）。当齿根圆到键槽底部的径向距离 x 超过齿轮模数的2.5倍，齿轮和轴可以分开制造。

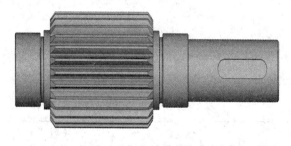

图 2-3-33　齿轮轴

2）实心式齿轮

当齿轮齿顶圆直径 $d_a \leqslant 200\,\text{mm}$ 时，齿轮可采用实心式结构（图2-3-34），多为锻造毛坯。

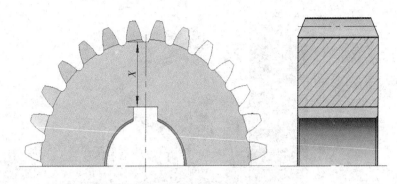

图 2 - 3 - 34　实心式齿轮

3）腹板式齿轮

当齿顶圆直径 $200\text{mm} < d_a \leqslant 500\text{mm}$ 时，齿轮可采用腹板式结构（图 2 - 3 - 35），多为锻造毛坯，也可采用铸造毛坯。

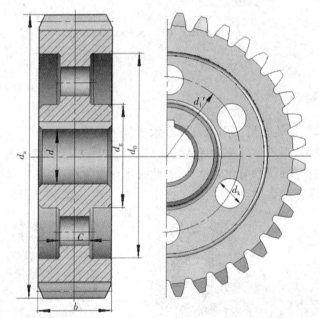

$d_a \leqslant 500\text{mm}; d_0 = d_a - 10m; d_g = 1.6d; d_1' = 0.5(d_0 + d_g); d_k = 0.25(d_0 + d_g); C = 0.3b$

图 2 - 3 - 35　腹板式齿轮

4）轮辐式齿轮

当齿顶圆直径 $400\text{mm} < d_a \leqslant 500\text{mm}$ 时，齿轮多采用铸造毛坯和可以采用腹板式结构，也可以采用轮辐式结构（图 2 - 3 - 36）。当齿顶圆直径 $500\text{mm} < d_a \leqslant 1000\text{mm}$ 时，齿轮就只能采用铸造毛坯，轮辐式结构了。

3. 渐开线齿轮齿廓加工原理

齿轮的加工方法很多，如切削、铸造、轧制、冲压等。其中切削法最为常用，它分为仿形法和范成法两大类。

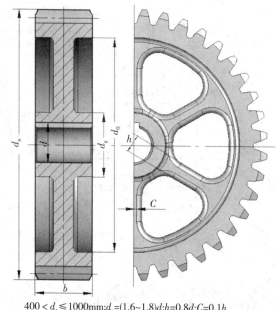

$400 < d_a \leqslant 1000\text{mm}; d_g=(1.6\sim1.8)d; h=0.8d; C=0.1h$

图 2-3-36　轮辐式齿轮

1) 仿形法

(1) 加工方法

采用仿形法加工齿轮时所使用的刀具形状与被加工的齿轮齿槽形状相同,故称仿形法,常用刀具有盘状铣刀(图 2-3-37)和指状铣刀(图 2-3-38)。加工直齿齿轮时,铣刀绕自身轴线旋转,同时沿齿轮轴线方向相对移动,如此铣出一个齿槽后,轮坯转动 $360°/z$,再铣第二个齿槽,直至铣好所有的齿槽,齿轮就加工好了。

图 2-3-37　盘状铣刀

图 2-3-38　指状铣刀

(2) 加工特点

当用仿形法加工 m 和 α 相同,但 z 不同的齿轮时,每一种齿数需要配一把铣刀,成本较高。实际生产中,加工 m 和 α 相同的齿轮,一般采用 8 把或 15 把一套的铣刀,一把铣刀用于加工多种齿数的齿轮,故加工出来的齿廓有一定的误差,精度较低。由于仿形法加工齿轮的过程中需多次转动轮坯,切齿动作不连续,故生产效率也较低。但仿形法不需要专用的齿轮加工机床,加工方法也较简单,可用于单件、小批量的齿轮生产或修配。

表 2 - 3 - 5 成形法加工时 8 把一组的铣刀编组

铣刀号数	1	2	3	4	5	6	7	8
齿数范围	12 ~ 13	14 ~ 16	17 ~ 20	21 ~ 25	26 ~ 34	35 ~ 54	55 ~ 134	≥ 135

2）范成法

（1）加工方法

范成法是利用一对齿轮（或齿轮和齿条）互相啮合时，其共轭齿廓互为包络线的原理来加工齿轮的。将其中一个齿轮（或齿条）制成刀具，就可以切出另一个齿轮的渐开线齿廓。范成法常用的刀具有三种：齿轮插刀（图 2 - 3 - 39）、齿条插刀（图 2 - 3 - 40）和齿轮滚刀（图 2 - 3 - 41）。

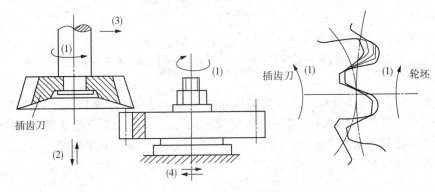

图 2 - 3 - 39 齿轮插刀

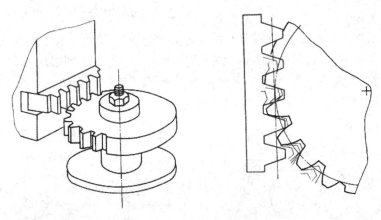

图 2 - 3 - 40 齿条插刀

齿轮插刀和齿条插刀的加工原理主要是四种运动的合成。

范成运动：渐开线齿形的刀具和轮坯按给定传动比 i 作回转运动，是范成加工的基础；

切削运动：刀具需沿轮坯的轴线方向往复移动作切削运动，以便切出整个齿宽；

让刀运动：为了防止刀具在向上退刀的过程中，擦伤已加工好的齿面，退刀时，轮坯做微小的径向让刀运动，当刀具再次切削时，轮坯回到原位；

进给运动：被加工的轮齿有一定的高度，所以刀具在切削的同时，还需向轮坯的中心作

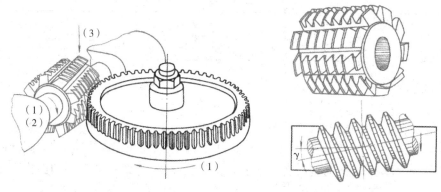

图 2-3-41 齿轮滚刀

径向进给运动。

齿轮滚刀的轴向剖面就是齿条,因此它的加工原理和齿条插刀基本相同。齿轮滚刀与轮坯保持啮合运动,滚刀旋转切削轮坯,同时沿轮坯轴向移动,从而切出齿宽。

(2)加工特点

根据正确啮合条件,被加工的齿轮的模数和压力角与刀具的模数和压力角相等,故用范成法加工与刀具 m 和 α 相同的齿轮时,用同一把刀具可以加工任意齿数的齿轮。齿轮插刀和齿条插刀加工轮齿的切削运动不是连续的,不利于提高生产效率。而齿轮滚刀加工轮齿实现了连续切削,生产效率高,所以在大批量生产中广泛采用滚齿机来加工各种齿轮。

3)根切现象

(1)根切现象

当用范成法加工齿轮时,如果被加工的齿轮齿数过少,刀具的齿顶会将被加工齿轮的轮齿根部切去一部分,这种现象被称为齿轮的根切(图 2-3-42)。出现根切现象的齿轮轮齿根部被削弱,轮齿抗弯强度降低,传动的重合度变小,导致齿轮的承载能力降低,传动平稳性变差,出现传动冲击及噪音,故应尽量避免根切现象的产生。

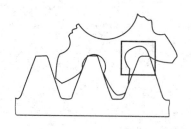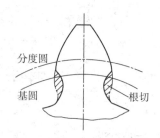

分度圆

基圆

根切

图 2-3-42 根切现象

(2)最少齿数

根据数学知识和渐开线齿轮的几何关系,可推导出不产生根切现象的条件

$$Z \geqslant \frac{2h_a^{\,*}}{\sin^2\alpha}$$

（式 2-3-9）

即,

不产生根切的最少齿数为

$$Z_{\min} = \frac{2h_a^*}{\sin^2\alpha} \qquad\qquad (式\ 2-3-10)$$

因此,用范成法加工齿轮时,齿数应不少于某一最小限度。正常齿制的齿轮, $h_a^* = 1$, $\alpha = 20°$, $z_{\min} = 17$。短齿制的齿轮, $h_a^* = 0.8$, $\alpha = 20°$, $z_{\min} = 14$。

4. 齿轮传动的精度等级

在国家标准中规定渐开线圆柱齿轮分为 13 个精度等级,从高到低依次用 0 级、1 级、2 级……12 级表示。其中 0 ~ 2 级属于未来发展的精度等级,3 ~ 5 级为高精度等级,6 ~ 9 级为中精度等级,10 ~ 12 级为低精度等级。

齿轮传动精度等级的选择可根据其用途、工作条件、使用要求和圆周速度等条件决定,具体可参照表 2-3-6。

表 2-3-6　圆柱齿轮传动各级精度应用范围

精度等级	齿面粗糙度		圆周速度 v(m/s)		工作条件及应用范围	单级传动效率
	齿面	$Ra/\mu m$	直齿	斜齿		
4	硬化	$\leqslant 0.4$	> 35	> 70	特别精密分度机构中或在最平稳且无噪声的极高速情况下工作的齿轮;	不低于0.99
	调质	$\leqslant 0.8$				
5	硬化		> 20	> 40	精密分度机构中或要求极平稳且无噪声的高速工作的齿轮;	
	调质	$\leqslant 1.6$				
6	硬化	$\leqslant 0.8$	$\leqslant 15$	$\leqslant 30$	分度机构中或要求最高效率且无噪声的高速平稳工作的齿轮;读数装置中特别精密传动的齿轮;	
	调质	$\leqslant 1.6$				
7	硬化		$\leqslant 10$	$\leqslant 20$	增速和减速用齿轮传动;读数装置用齿轮;	不低于0.98
	调质	$\leqslant 3.2$				
8	硬化		$\leqslant 5$	$\leqslant 9$	无须特别精密的一般机械制造用齿轮;	不低于0.97
	调质	$\leqslant 6.3$				
9	硬化	$\leqslant 3.2$	$\leqslant 3$	$\leqslant 6$	用于粗糙工作的齿轮	不低于0.96
	调质	$\leqslant 6.3$				

5. 渐开线标准齿轮及参数计算

1) 渐开线标准齿轮

具有标准模数、标准压力角、标准齿顶高系数、标准顶隙系数,且分度圆上齿厚等于齿槽宽的齿轮称为标准齿轮。标准齿轮具有设计简单、互换性好等优点。

2) 渐开线标准齿轮参数计算

标准直齿圆柱齿轮几何参数(图 2-3-43)计算公式见表 2-3-7。

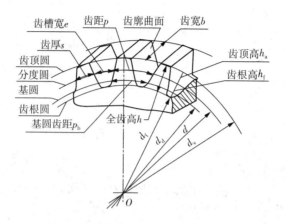

图 2-3-43　渐开线标准直齿圆柱齿轮的几何参数

表 2-3-7　标准直齿圆柱齿轮传动几何参数计算公式

名称	符号	计算公式	名称	符号	计算公式
分度圆直径	d	$d = mz$	分度圆齿距	p	$p = \pi m = s + e$
基圆直径	d_b	$d_b = d\cos\alpha = mz\cos\alpha$	基圆齿距	p_b	$p_b = \pi d_b / z = \pi d\cos\alpha / z$ $= \pi m\cos\alpha$
齿顶圆直径	d_a	$d_a = d \pm 2h_a$ $= m(z \pm 2h_a^*)$	齿顶高	h_a	$h_a = h_a^* m$
齿根圆直径	d_f	$d_f = d \mp 2h_f$ $= m(z \mp 2h_a^* \mp 2c^*)$	齿根高	h_f	$h_f = (h_a^* + c^*)m$
顶隙	c	$c = c^* m$	全齿高	h	$h = h_a + h_f = (2h_a^* + c^*)m$
分度圆齿厚	s	$s = p/2 = \pi m/2$	标准中心距	a	$a = (d_1 \pm d_2)/2 = m(z_1 \pm z_2)/2$
分度圆齿槽宽	e	$e = p/2 = \pi m/2$			

注：表中"±"或"∓"符号处，上面的符号用于外啮合齿轮，下面的符号用于内啮合齿轮。

3）标准齿轮的局限性

（1）采用范成法加工时，齿数不能少于最少齿数 z_{min}，否则会产生根切现象。

（2）不适用于非标准安装的场合。当 $a' < a$ 时，根本无法安装；当 $a' > a$ 时，虽然可以安装，但将产生较大的齿侧间隙，重合度随之减小，传动的平稳性受到影响。

（3）一对啮合的标准齿轮中，小齿轮的齿根厚度较薄，因为与大齿轮有传动比的缘故，啮合次数也较多，故比大齿轮更容易损坏。一旦小齿轮损坏，两个齿轮就无法继续正常啮合旋转，从而影响了整个齿轮传动的承载能力。

6. 变位齿轮及传动类型

1）变位齿轮概述

由于标准齿轮的局限性，在实际应用中，常采用变位齿轮。用齿条型刀具加工齿轮时，若将刀具相对于轮坯中心向外移出或向内移近一段距离，则刀具的中线不再与轮坯的分度圆相切,刀具移动的距离 $X=xm$ 称为变位量,其中 x 为变位系数,m 为模数,这样加工出来的齿轮称为变位齿轮(图2-3-44)。刀具相对于轮坯中心向外移动,变位系数 $x>0$,加工出来的齿轮称为正变位齿轮;刀具相对于轮坯中心向内移动,变位系数 $x<0$,加工出来的齿轮称为负变位齿轮。

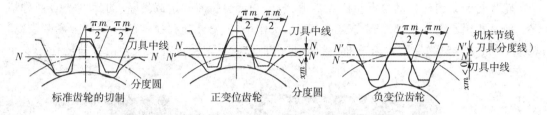

图 2-3-44　标准齿轮与变位齿轮的切制

变位齿轮与标准齿轮相比,有如下特点:

(1)正变位齿轮的齿根部齿厚增加,齿廓曲率半径增大,有利于提高齿轮强度,但齿顶部齿厚变薄,这类齿轮使用较多(图2-3-45)。

(2)负变位齿轮齿根部齿厚减小,齿廓曲率半径减小,对于同一模数和齿数的齿轮,轮齿显得偏瘦(图2-3-45)。

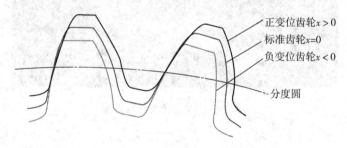

图 2-3-45　变位齿轮的齿廓

2)变位齿轮的传动类型

(1)零传动($x_1+x_2=0$)

标准齿轮传动:

由于两齿轮的变位系数 $x_1=x_2=0$,为了避免根切,两齿轮齿数均需大于 $z_{\min}$。

等变位齿轮传动:

两齿轮的变位系数为一正一负,且绝对值相等。高度变位齿轮传动的必要条件为 $x_1+x_2\geqslant 2z_{\min}$,且 $a'=a$。可用于中心距等于标准中心距,而又需要提高小齿轮齿根弯曲强度和减小磨损的场合。

(2)正传动($x_1+x_2>0$)

正传动变位齿轮的中心距大于标准中心距,即 $a'>a$,压力角 $a'>a$,当 $x_1+x_2<2z_{\min}$ 时,必须采用正传动。采用正传动可以提高轮齿的接触强度和弯曲强度,改善轮齿的磨损,凑配中心距,但重合度有所减小。

(3)负传动($x_1+x_2<0$)

此时 $a'<a,a'<a$。采用负传动除重合度有所增大外,轮齿弯曲强度降低,磨损加剧。

因此,除凑配中心距外,尽量不采用负传动。

三、齿轮设计基本知识

1. 齿轮传动的失效形式

1）轮齿折断

轮齿折断是齿轮传动最严重的失效形式,分为疲劳折断和过载折断(图2-3-46)两种情况。疲劳折断是轮齿根部受到交变应力的多次作用,齿根处受到拉伸的一侧产生疲劳裂纹,裂纹不断扩展,最终导致轮齿折断。过载折断是轮齿受到严重过载或冲击载荷的作用发生突然折断。

图 2-3-46　轮齿过载折断

提高轮齿抗折断能力的措施有:适当热处理,提高齿根的韧性;增大齿根处的圆角半径,减小应力集中;对齿根处进行喷丸、滚压强化处理等。

2）齿面疲劳点蚀

在传动过程中,齿面接触处将产生循环变化的接触应力,在接触应力的反复作用下,轮齿表面靠近节线处产生微小的疲劳裂纹,裂纹扩展导致齿面金属点状剥落,形成小坑,这种现象称为齿面疲劳点蚀(图2-3-47)。产生了点蚀的齿轮会有强烈的振动及噪音,是闭式软齿面齿轮的主要失效形式。

提高轮齿抗点蚀能力的措施有:限制齿面接触应力;进行齿面强化处理,提高齿面硬度;降低齿面粗糙度;选用黏度较高的润滑油等。

3）齿面胶合

高速重载的齿轮传动,齿面之间压力大、摩擦温度较高,常导致润滑油膜被破坏、润滑失效。此时,两齿轮齿面直接接触,在瞬间的高温高压下,两齿轮的啮合齿面处局部金属粘结在一起,随着齿轮的旋转,齿面继续相对运动,使粘结处的金属被撕开,造成沿齿面相对运动方向的伤痕,称为齿面胶合(图2-3-48)。

提高轮齿抗胶合能力的措施有:降低齿面粗糙度;选用不同材料或不同硬度的同种材料制造配对的齿轮;加强润滑及冷却;采用抗胶合能力强的润滑油等。

图 2-3-47　齿面疲劳点蚀

图 2-3-48　齿面胶合

4）齿面磨损

齿轮的齿面磨损（图 2-3-49）主要有两种情况：一种是由于轮齿啮合齿面处的相对滑动引起的磨损，另一种是灰尘、沙粒、金属微粒等进入啮合齿面之间引起的磨损，这两种磨损往往同时发生并互相促进。磨损后的齿廓会失去原有的正确齿形，齿侧间隙增大，引起冲击、振动和噪音。严重的磨损会导致齿厚显著变薄，从而引发轮齿折断。

提高轮齿抗磨损能力的措施有：采用闭式齿轮传动或给开式齿轮传动增加防尘装置；降低齿面粗糙度；提高齿面硬度；保持润滑油的清洁等。

5）齿面塑性变形

齿面塑性变形（图 2-3-50）一般发生在低速、重载或起动频繁的场合。当齿轮齿面硬度较低，而齿面摩擦力较大时，齿面啮合处的金属会沿着摩擦力的方向发生流动，从而产生塑性变形。除了这种轮齿啮合处齿面互相滚压产生的塑性变形外，过大的冲击也会造成齿面的塑性变形。塑性变形会导致齿面失去正确的齿形，变形较大时，齿轮传动的平稳性急剧下降,产生振动和噪音。

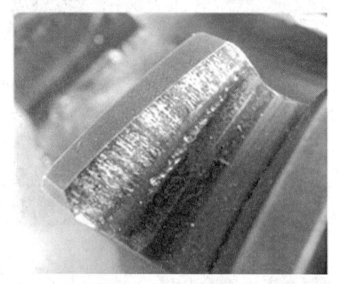

图 2-3-49　齿面磨损

图 2-3-50　齿面塑性变形

提高轮齿抗塑性变形能力的措施有:提高齿面硬度,采用高黏度的润滑油等。

2. 齿轮传动的设计准则

为使所设计的齿轮传动在其规定的工作环境和设计寿命中不因以上失效形式(特别是轮齿折断和齿面疲劳点蚀)而导致该齿轮传动失效,在设计时应注意齿轮传动的一般设计计算准则。

1) 软齿面闭式齿轮传动:

主要失效形式为齿面疲劳点蚀,故通常先按齿面接触疲劳强度设计几何尺寸,然后用弯曲疲劳强度校核其承载能力。

2）硬齿面闭式齿轮传动：

主要失效形式为轮齿折断，故通常先按齿根弯曲疲劳强度设计几何尺寸，然后用齿面接触疲劳强度校核其承载能力。

3）开式齿轮传动

主要失效形式是齿面磨损，由于齿面磨损通常会导致轮齿折断，故先按齿根弯曲疲劳强度设计几何尺寸，然后考虑齿面磨损的影响，将齿轮设计模数增大 $10\% \sim 20\%$ 即可。

3. 直齿圆柱齿轮传动轮齿受力分析

1）轮齿受力分析

设计齿轮传动时，必须要先进行轮齿强度的计算。对齿轮传动进行受力分析时，一般略去较小的齿面间摩擦力。如图 $2-3-51$ 所示，沿啮合线作用在齿面上的法向载荷 F_n 垂直于齿面，为了计算方便，将其分解成互相垂直的两个分力，即圆周力 F_t 和径向力 F_r，各分力计算公式为：

图 $2-3-51$　直齿圆柱齿轮传动啮合线

圆周力

$$F_{t1} = -F_{t2} = \frac{2T_1}{d_1} \qquad (\text{式} 2-3-11)$$

径向力

$$F_{r1} = -F_{r2} = F_{t1}\tan\alpha \qquad (\text{式} 2-3-12)$$

法向力

$$F_{n1} = -F_{n2} = \frac{F_{t1}}{\cos\alpha} \qquad (\text{式} 2-3-13)$$

小齿轮传递的转矩

$$T_1 = 9550P_1/n_1 \qquad (\text{式} 2-3-14)$$

P_1—— 小齿轮传递的功率（kW）；

n_1—— 小齿轮的转速（r/min）；

T_1—— 小齿轮上传递的转矩（N·mm）；

d_1—— 小齿轮分度圆直径（mm）；

α—— 分度圆压力角,标准齿轮 $\alpha = 20°$。

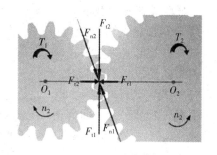

图 2-3-52　直齿圆柱齿轮传动受力分析

从动轮受到的圆周力 F_{t2} 为主动轮对其的驱动力,其方向与受力点的圆周速度 v_2 相同;主动轮受到的圆周力 F_{t1} 为从动轮对其的阻力,其方向与受力点圆周速度 v_1 相反。两轮的径向力 F_{r1}、F_{r2} 指向各自轮心,如图 2-3-52 所示。

2) 轮齿载荷计算

考虑到齿轮在传动的过程中,原动机和工作机运转的不平稳、零件制造误差等造成的附加动载荷,将轮齿上所受到的实际法向力表示为

计算载荷

$$F_{nc} = KF_n \qquad (式 2-3-15)$$

K—— 载荷系数,可由表 2-3-8 查取;

F_n—— 公称载荷(N)。

表 2-3-8　载荷系数 K

原动机	工作机的载荷特性		
	均匀	中等冲击	大的冲击
工作机举例	均匀加料的运输机和搅拌机、轻型卷扬机、发电机、机床辅助传动	不均匀加料的运输机和搅拌机、重型卷扬机、球磨机、机床主传动	冲床、钻床、轧机、破碎机、挖掘机
电动机	1～1.2	1.2～1.6	1.6～1.8
多缸内燃机	1.2～1.6	1.6～1.8	1.9～2.1
单杠内燃机	1.6～1.8	1.8～2.0	2.2～2.4

注:1. 斜齿圆柱齿轮传动、圆周速度较低、精度高、齿宽较小时,取较小值;
　　2. 齿轮在两轴承之间并且对称布置时,取较小值;反之,取较大值。

4. 直齿圆柱齿轮传动的强度计算

1) 齿面接触疲劳强度

(1) 齿面接触疲劳强度的计算

齿面点蚀与齿面的接触应力的大小有关,所以为了防止齿面点蚀必须进行齿面接触疲劳强度计算。根据齿轮啮合原理分析,点蚀多发生在节线附近,节线处的最大接触应力 σ_H 可由弹性力学中的赫兹应力公式计算得出,即:

最大接触应力

$$\sigma_H = Z_E \frac{F_n}{b} \left(\frac{1}{\rho_1} \pm \frac{1}{\rho_2} \right) \qquad (式 2-3-16)$$

Z_E—— 齿轮材料弹性系数;

F_n—— 公称载荷(N);

b—— 齿宽的有效接触宽度;

ρ_1、ρ_2—— 两渐开线齿廓在节点处的曲率半径。

将计算载荷 $F_{nc}=KF_n$ 代入式 2-3-16,并技术简化处理后,可得直齿圆柱齿轮传动齿面接触疲劳强度的校核公式

齿面接触疲劳强度校核公式

$$\sigma_H = \sqrt{\frac{(\mu\pm1)Cm^3Ad^3KT_1}{ubd_1^2}} \leqslant [\sigma_H]$$　　　　(式 2-3-17)

引入齿宽系数 $\varphi_d = b/d_1$ 后,可得直齿圆柱齿轮传动齿面接触疲劳强度的设计公式

齿面接触疲劳强度设计公式

$$d_1 \geqslant C_m A_d \sqrt[3]{\frac{KT_1(u\pm1)}{\varphi_d[\sigma_H]^2 u}}$$　　　　(式 2-3-18)

d_1—— 小齿轮分度圆(mm);

u—— 大齿轮与小齿轮的齿数比,$u\geqslant1$;

C_m—— 齿轮配对材料系数,可由表 2-3-9 查取;

A_d—— 接触强度螺旋角系数,直齿圆柱齿轮传动 $A_d=76.6$;

K—— 载荷系数,可由表 2-3-8 查取;

T_1—— 小齿轮上传递的转矩(N·mm);

φ_d—— 齿宽系数,由表 2-3-10 查取;

$[\sigma_H]$—— 齿轮材料许用接触应力(MPa)。

表 2-3-9　齿轮配对材料系数 C_m

小齿轮	钢				铸钢			球墨铸铁		灰铸铁
大齿轮	钢	铸钢	球墨铸铁	灰铸铁	铸钢	球墨铸铁	灰铸铁	球墨铸铁	灰铸铁	灰铸铁
C_m	1	0.997	0.970	0.906	0.994	0.967	0.898	0.943	0.880	0.836

表 2-3-10　齿宽系数 φ_d

齿轮相对于轴承的位置	齿面硬度	
	软齿面	硬齿面
对称布置	0.8~1.4	0.4~0.9
不对称布置	0.6~1.2	0.3~0.6
悬臂布置	0.3~0.4	0.2~0.25

注:(1)直齿圆柱齿轮取较小值,斜齿取较大值;

　　(2)载荷平稳、轴的刚度较大时取较大值,反之取较小值。

由此可得一对钢制直齿圆柱齿轮传动齿面接触疲劳强度的设计公式

齿面接触疲劳强度设计公式

$$d_1 \geqslant 76.6 \sqrt[3]{\frac{KT_1(u \pm 1)}{\varphi_d [\sigma_H]^2 u}} \qquad (式\ 2-3-19)$$

（2）许用接触应力$[\sigma_H]$的计算

许用接触应力

$$[\sigma_H] = \frac{Z_N \sigma_{Hlim}}{S_H} \qquad (式\ 2-3-20)$$

Z_N—— 接触疲劳强度寿命系数；

σ_{Hlim}—— 齿轮材料接触疲劳极限应力，由图 $2-3-53$ 查取；

S_H—— 接触疲劳强度安全系数，由表 $2-3-11$ 查取。

根据齿轮的应力循环次数查得接触疲劳强度寿命系数 Z_N，并将其代入式 $2-3-20$，技术简化处理后，可得

许用接触应力

$$[\sigma_H] = \frac{\sigma_{Hlim}}{S_H} \qquad (式\ 2-3-21)$$

表 2 - 3 - 11　接触疲劳强度安全系数 S_H

接触疲劳强度安全系数	软齿面	硬齿面	重要的传动、渗碳淬火齿轮或铸造齿轮
S_H	$1.0 \sim 1.1$	$1.1 \sim 1.2$	1.3

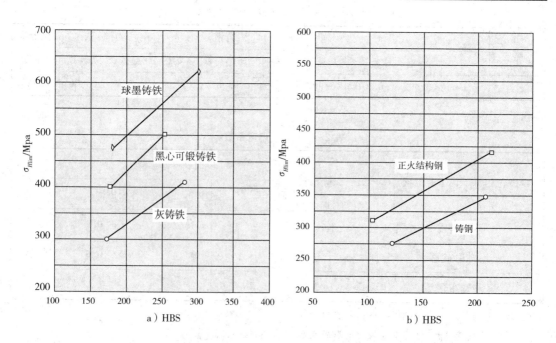

a）HBS　　　　　　　　b）HBS

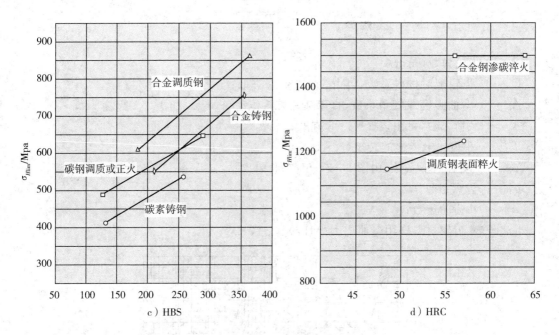

c）HBS

d）HRC

图 2-3-53　接触疲劳强度极限 σ_{Hlim}

2）齿根弯曲疲劳强度

（1）齿根弯曲疲劳强度的计算

轮齿折断主要与齿根弯曲应力的大小有关，所以为了防止轮齿弯曲疲劳折断必须进行齿根弯曲疲劳强度计算。进行齿根弯曲应力计算时，轮齿可视作宽度为 b 的悬臂梁处理，具体如图 2-3-54 所示。

因此，可得齿根危险截面上的弯曲应力
最大弯曲应力

$$\sigma_F = \frac{6Fn\cos\alpha_{Fa}h_F}{bSF^2}$$

（式 2-3-22）

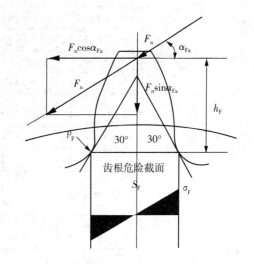

图 2-3-54　齿根弯曲应力

将计算载荷 $F_{nc} = KF_n$ 代入式 2-3-22，并技术简化处理后，可得直齿圆柱齿轮传动齿根弯曲疲劳强度的校核公式如下：

齿根弯曲疲劳强度校核公式

$$\sigma_F = \frac{C_m^3 A_m^3 KT_1 Y_{FS}}{bd_1 m} \leqslant [\sigma_F]$$

（式 2-3-23）

引入齿宽系数 $\varphi_d = b/d_1$ 后，可得直齿圆柱齿轮传动齿根弯曲疲劳强度的设计公式

齿根弯曲疲劳强度设计公式

$$m \geqslant C_{\mathrm{m}} A_{\mathrm{m}} \sqrt[3]{\frac{K T_{1} Y_{\mathrm{FS}}}{\varphi_{\mathrm{d}} z_{1}^{2} [\sigma_{\mathrm{F}}]}} \qquad (式 2 - 3 - 24)$$

m—— 齿轮模数(mm);

C_{m}—— 齿轮配对材料系数,可由表 2 - 3 - 9 查取;

A_{m}—— 弯曲强度螺旋角系数,直齿圆柱齿轮传动 $A_{\mathrm{m}} = 1.26$;

K—— 载荷系数,可由表 2 - 3 - 8 查取;

T_{1}—— 小齿轮上传递的转矩(N·mm);

Y_{FS}—— 复合齿形系数,由图 2 - 3 - 55 查取;

φ_{d}—— 齿宽系数;

z_{1}—— 小齿轮齿数;

$[\sigma_{\mathrm{F}}]$—— 齿轮材料许用弯曲应力(MPa)。

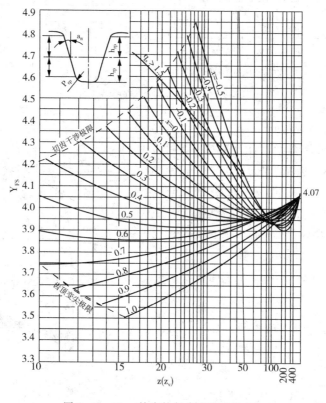

图 2 - 3 - 55　外齿轮复合齿形系数 Y_{FS}

由此可得一对钢制直齿圆柱齿轮传动齿根弯曲疲劳强度的设计公式

齿根弯曲疲劳强度设计公式

$$m \geqslant 1.26 \sqrt[3]{\frac{K T_{1} Y_{\mathrm{FS}}}{\varphi_{\mathrm{d}} z_{1}^{2} [\sigma_{\mathrm{F}}]}} \qquad (式 2 - 3 - 25)$$

(2) 许用弯曲应力 $[\sigma_{\mathrm{F}}]$ 的计算

许用弯曲应力

$$[\sigma_F] = \frac{Y_N \sigma_{Flim}}{S_F} \qquad (式2-3-26)$$

Y_N—— 弯曲疲劳强度寿命系数；

σ_{Flim}—— 齿轮材料弯曲疲劳极限应力，由图2-3-56查取；

S_F—— 弯曲疲劳强度安全系数，由表2-3-12查取。

根据齿轮的应力循环次数查得弯曲疲劳强度寿命系数Y_N，并将其代入式2-3-26，并技术简化处理后，可得

许用弯曲应力

$$[\sigma_F] = \frac{\sigma_{Flim}}{S_F} \qquad (式2-3-27)$$

表2-3-12　弯曲疲劳强度安全系数 S_F

弯曲疲劳强度安全系数	软齿面	硬齿面	重要的传动、渗碳淬火齿轮或铸造齿轮
S_F	1.3～1.4	1.4～1.6	1.6～2.2

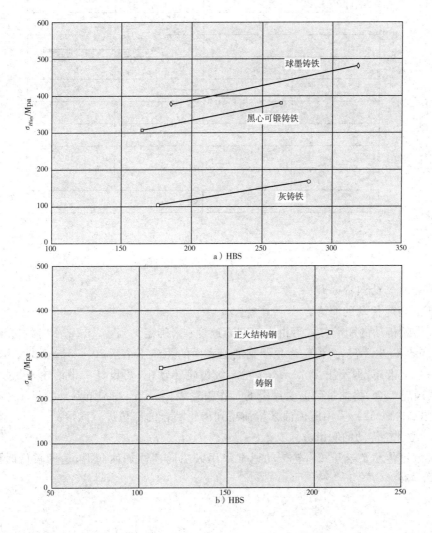

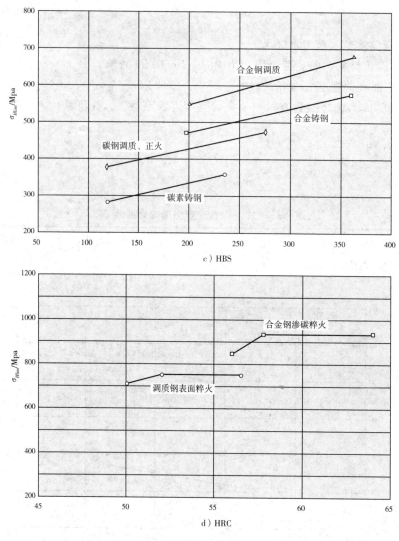

图 2-3-56　弯曲疲劳强度极限 σ_{Flim}

5. 齿轮传动的润滑方式

1) 闭式齿轮传动的润滑方式

闭式齿轮传动的润滑方式可由齿轮圆周速度 v 来确定。当 $v \leqslant 12\mathrm{m/s}$ 时,可采用浸油润滑的方式(图 2-3-57),大齿轮齿顶圆到油池底面的距离不小于 $30 \sim 50\mathrm{mm}$,大齿轮浸油深度约为一个全齿高,但不小于 $10\mathrm{mm}$。在多级齿轮传动中,可设计一带油轮,通过与未浸入油池内的齿轮啮合,将油带到需要润滑的工作齿轮表面。当 $v > 12\mathrm{m/s}$ 时,可采用喷油润滑的方式(图 2-3-58),采用压力油泵将油喷到齿轮啮合的部位进行润滑。

2) 开式齿轮传动的润滑方式

开式齿轮传动及半开式齿轮传动通常采用人工周期性加油润滑,速度较低时可采用润滑脂润滑。

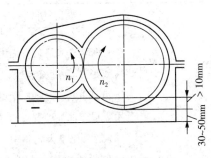

图 2 - 3 - 57　浸油润滑

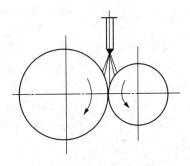

图 2 - 3 - 58　喷油润滑

2.3.3　示范任务

试设计一级圆柱齿轮减速器中的直齿齿轮传动。已知:用电动机驱动,载荷平稳,齿轮相对于支承位置对称,单向运转,传递功率 $P = 5\text{kW}$,主动轮转速 $n_1 = 320\text{r/min}$,传动比 $i = 4.12$,要求从动轮转速误差不超过 $\pm 5\%$。

计算内容	说　明
1. 选择齿轮的材料 根据工作要求,选齿轮齿面为软齿面。 由表 2-3-4 查得,小齿轮选 45 钢,调质,硬度为 220HBW,大齿轮选 45 钢正火,硬度为 170HBW,精度等级 8 级。 由图 2-3-53 查得,$\sigma_{\text{Hlim1}} = 560\text{MPa}$,$\sigma_{\text{Hlim2}} = 525\text{MPa}$ 由图 2-3-56 查得,$\sigma_{\text{Flim1}} = 220\text{MPa}$,$\sigma_{\text{Flim2}} = 200\text{MPa}$ 由表 2-3-11 查得,$S_{\text{H}} = 1.1$ 由表 2-3-12 查得,$S_{\text{F}} = 1.4$ $$[\sigma_{\text{H}}]_1 = \frac{\sigma_{\text{Hlim1}}}{S_{\text{H}}} = \frac{560}{1.1} = 509\text{MPa}$$ $$[\sigma_{\text{H}}]_2 = \frac{\sigma_{\text{Hlim2}}}{S_{\text{H}}} = \frac{525}{1.1} = 477\text{MPa}$$ $$[\sigma_{\text{F}}]_1 = \frac{\sigma_{\text{Flim1}}}{S_{\text{F}}} = \frac{220}{1.4} = 157\text{MPa}$$ $$[\sigma_{\text{F}}]_2 = \frac{\sigma_{\text{Flim2}}}{S_{\text{F}}} = \frac{200}{1.4} = 143\text{MPa}$$ 取 $[\sigma_{\text{H}}] = 477\text{MPa}$	(1) 一般闭式齿轮传动多选软齿面; (2) 45 钢综合性能较好,是重要零件的常用材料; (3) 大小齿轮都为软齿面时,为使两齿轮寿命接近,常取小齿轮硬度比大齿轮高 30～50HBW; (4) 两齿轮材料不同时,许用应力 $[\sigma_{\text{H}}]_1$ 与 $[\sigma_{\text{H}}]_2$ 也不同,强度计算时,应将其中较小值作为 $[\sigma_{\text{H}}]$ 带入计算;

（续表）

计算内容	说　明
2. 按接触强度设计 因两齿轮都是软齿面,故根据齿面接触疲劳强度条件计算齿轮分度圆直径。 即,$d_1 \geqslant 76.6\sqrt[3]{\dfrac{KT_1(u\pm1)}{\varphi_d[\sigma_H]^2 u}}$ 由表 2-3-10 查得,$K=1.1$ 由表 2-3-8 查得,$\varphi_d=1$ 齿数比 $u=i=4.12$ 小齿轮转矩 $T_1=9550\dfrac{P}{n_1}=9550\times\dfrac{5}{320}=149.22\text{N·m}$ 得,$d_1 \geqslant 76.6\sqrt[3]{\dfrac{1.1\times149.22\times10^3\times(4.12+1)}{1\times477^2\times4.12}}=73.86\text{mm}$	（1）两齿轮都是软齿面时,主要失效形式为齿面点蚀,故先按齿面接触疲劳强度设计,后用齿根弯曲疲劳强度校核; （2）齿数比是齿轮副中大、小齿轮齿数的比值,减速运动中齿数比即为传动比; （3）齿轮分度圆直径计算公式中的"±","+"用于外啮合,"-"用于内啮合;
3. 确定模数和齿数 取 $z_1=26$,则 $z_2=i\times z_1=4.12\times26=107.12$,取 $z_2=107$ 传动比误差 $$\Delta i=\frac{z_2-i}{z_1}=\frac{\frac{107}{26}-4.12}{4.12}=0.11\%\leqslant\pm5\%$$ 齿轮模数 $$m=\frac{d_{1\min}}{z_1}=\frac{73.86}{26}=2.84\text{mm}$$ 查表 2-3-2,取 $m=3\text{mm}$	（1）一般闭式软齿面齿轮传动,小齿轮齿数可取 $20\sim40$; （2）为使两齿轮的所有轮齿磨损均匀,z_1 与 z_2 最好无公约数; （3）传递动力的齿轮,为防止轮齿过载折断,一般应使 $m\geqslant1.5\sim2\text{mm}$;
4. 确定实际中心距 $$a=\frac{m}{2}(z_1+z_2)=\frac{3}{2}\times(26+107)=199.5\text{mm}$$	（1）对同一个齿轮传动,m 与 z_1 的取值不同可得到多个不同方案,应根据现实情况进行选择。
5. 确定齿轮齿宽 小齿轮分度圆直径 $$d_1=mz_1=3\times26=78\text{mm}$$ 齿轮有效啮合宽度 $$b=\varphi_d d_1=1\times78=78\text{mm}$$ 取大齿轮齿宽 $$b_2=80\text{mm}$$ 小齿轮齿宽 $$b_1=b_2+(5\sim10)\text{mm},取 b_1=90\text{mm}$$	（1）一对啮合的齿轮,一般小齿轮的齿宽较大齿轮宽 $5\sim10\text{mm}$,以保证齿轮的有效啮合宽度;

（续表）

计算内容	说　明
6. 校核弯曲强度 为防止轮齿折断需进行齿根弯曲疲劳强度校核 即，$\sigma_F = \dfrac{C_m{}^3 A_m{}^3 K T_1 Y_{FS}}{b d_1 m} \leqslant [\sigma_F]$ 由表 2-3-9 查得，$C_m = 1$ 直齿圆柱齿轮传动 $A_m = 1.26$ 由图 2-3-55 查得，$Y_{FS1} = 4.18, Y_{FS2} = 3.97$ 得，$\sigma_{F1} = \dfrac{1^3 \times 1.26^3 \times 1.1 \times 149.22 \times 10^3 \times 4.18}{78 \times 78 \times 3}$ $\qquad = 75.20 \text{MPa} \leqslant [\sigma_F]_1$ $\sigma_{F2} = \sigma_{F1} \times \dfrac{Y_{FS2}}{Y_{FS1}} = 75.20 \times \dfrac{3.97}{4.18} = 71.42 \text{MPa} \leqslant [\sigma_F]_2$ 故两齿轮轮齿抗弯强度足够。	（1）两齿轮齿数不等、材料不同时，须分别校核两齿轮的齿根弯曲疲劳强度； （2）齿轮材料的许用弯曲应力 $[\sigma_F]$ 是在轮齿单向受载的实验条件下得到的，若轮齿的工作条件是双向受载，应将 $[\sigma_F]$ 乘以 0.7； （3）齿轮的齿根弯曲疲劳强度校核若不合格，需从第 3 步（确定模数和齿数）处开始重新取值进行设计，直至校核合格；
7. 齿轮参数计算 分度圆直径 $\qquad d_1 = m z_1 = 3 \times 26 = 78 \text{mm}$ $\qquad d_2 = m z_2 = 3 \times 107 = 321 \text{mm}$ 齿顶圆直径 $\qquad d_{a1} = d_1 + 2m = 78 + 2 \times 3 = 84 \text{mm}$ $\qquad d_{a2} = d_2 + 2m = 321 + 2 \times 3 = 327 \text{mm}$ 齿根圆直径 $\qquad d_{f1} = d_1 - 2.5m = 78 - 2.5 \times 3 = 70.5 \text{mm}$ $\qquad d_{f2} = d_2 - 2.5m = 321 - 2.5 \times 3 = 313.5 \text{mm}$ 全齿高 $\qquad h = 2.25m = 2.25 \times 3 = 6.75 \text{mm}$	（1）齿顶圆直径公式 $da = d \pm 2h_a = m(z \pm 2h_a{}^*)$ 和齿根圆直径公式 $df = d \mp 2h_f = m(z \mp 2h_a{}^* \mp 2c^*)$ 中的"$\pm$"，"$+$"用于外啮合，"$-$"用于内啮合； （2）正常齿制齿轮的齿顶高系数 $h_a{}^* = 1, c^* = 0.25$，短齿制齿轮的齿顶高系数 $h_a{}^* = 0.8, c^* = 0.3$；
8. 验算圆周速度 $\qquad v = \dfrac{\pi d_1 n_1}{60 \times 1000} = \dfrac{\pi \times 78 \times 320}{60 \times 1000} = 1.31 \text{m/s} < 5 \text{m/s}$ 查表 2-3-6 知，选 8 级精度合适。	（1）8 级精度的直齿圆柱齿轮允许圆周速度 $\leqslant 5 \text{m/s}$，且适合于无需特别精密的一般机械制造用齿轮；
9. 设计齿轮结构 由于 $d_1 = 78 \text{mm}, d_2 = 321 \text{mm}$， 小齿轮采用实心式结构，大齿轮采用腹板式结构。 齿轮零件图略。	（1）小齿轮齿根圆到键槽底部的径向距离不足齿轮模数的 2.5 倍时，需采用齿轮轴结构

2.3.4　学练任务

题目：已知带式传输机输送带的有效拉力为 $F_w =$ ＿＿＿＿ N（表 2-2-1），输送带速度 $V_w =$ ＿＿＿＿ m/s（表 2-2-1），滚筒直径 $D =$ ＿＿＿＿ mm（表 2-2-1）。两班制连续单向运转，载荷轻微变化，使用期限 15 年。输送带速度允差 ±5%。环境有轻度粉尘，结构尺寸无特殊限制,工作现场有三相交流电源,电压 380/220V。

设计内容:选择齿轮的材料、按接触强度设计齿轮、确定齿轮的模数和齿数、确定实际中心距、确定齿轮齿宽、校核轮齿弯曲强度、齿轮参数计算、验算圆周速度、设计齿轮结构,为计算轴和设计、绘制装配草图准备条件。

计算内容	修正区域
1. 选择齿轮的材料	
2. 按接触强度设计	
3. 确定模数和齿数	
4. 确定实际中心距	

计算内容	修正区域
5. 确定齿轮齿宽	
6. 校核弯曲强度	
7. 齿轮参数计算	
8. 验算圆周速度	

（续表）

计算内容	修正区域
9. 设计齿轮结构	

2.3.5 拓展任务

一、其他常用齿轮传动

1. 斜齿圆柱齿轮传动

1）斜齿圆柱齿轮传动概述

斜齿圆柱齿轮传动与直齿圆柱齿轮传动的根本区别是齿形的变化，直齿齿轮的轮齿与齿轮轴线平行，斜齿齿轮轮齿与其轴线不平行。故与直齿圆柱齿轮传动相比，斜齿圆柱齿轮传动有如下特点：

（1）传动平稳

一对斜齿圆柱齿轮在啮合时，轮齿是逐渐进入和退出啮合的，啮合过程比直齿轮长，重合度较直齿轮大，传动冲击、振动和噪音都较小，传动平稳性高，适用于高速传动。

（2）承载能力大

斜齿圆柱齿轮的轮齿相当于螺旋曲面梁，强度较高，且斜齿圆柱齿轮传动较之直齿圆柱齿轮传动重合度更大，同时参与啮合的轮齿对数更多，故承载能力更大，适用于重载。

（3）传动时有轴向力

斜齿圆柱齿轮的轮齿是倾斜的，在传动时会产生轴向力，对传动不利。故在齿轮系布置时需合理安排，让同一根轴上多个斜齿轮的轴向力互相抵消一部分，或考虑采用人字齿轮。

2）斜齿齿廓曲面的形成

斜齿圆柱齿轮齿廓曲面的形成方法与直齿圆柱齿轮相同，只是发生平面上的直线变为与原有直线成夹角 β_b（基圆螺旋角）的斜直线，发生平面在基圆柱上作纯滚动，斜直线 KK' 的轨迹在空间形成渐开线螺旋面（图2-3-59）。以此渐开线螺旋面作为齿轮的齿廓，即可得到斜齿圆柱齿轮。

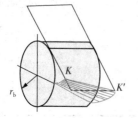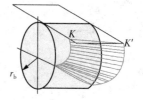

图 2-3-59　斜齿圆柱齿轮齿廓曲面的形成

3）斜齿圆柱齿轮传动的基本参数

（1）螺旋角

如图2-3-60所示，将斜齿圆柱齿轮沿分度圆柱面展开，齿轮分度圆柱面与斜齿齿廓曲面的交线与齿轮轴线之间所夹的角称为螺旋角，用β表示（图2-3-61）。一般$\beta=8°\sim20°$，人字齿轮的螺旋角可达$25°\sim40°$。如图2-3-62所示，按螺旋线方向的不同，斜齿圆柱齿轮分为左旋和右旋两种。

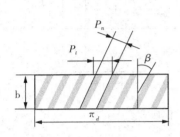

图2-3-60　斜齿圆柱齿轮分度圆柱面展开图

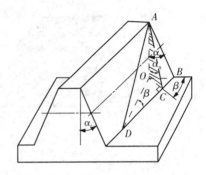

图2-3-61　斜齿圆柱齿轮分度圆柱面压力角

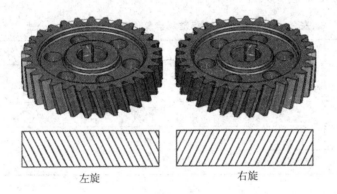

左旋　　　　　　　　　右旋

图2-3-62　斜齿圆柱齿轮轮齿旋向

（2）端面参数和法向参数

如图2-3-63所示，垂直于斜齿圆柱齿轮轴线的平面称为斜齿圆柱齿轮的端面，该平面上的参数称为端面参数。与分度圆柱面螺旋线垂直的平面称为斜齿圆柱齿轮的法平面，该平面上的参数称为法向参数。规定斜齿圆柱齿轮的法向参数为标准值，与直齿圆柱齿轮的标准值相同。法向模数m_n可由渐开线圆柱齿轮模数表查得，法向压力角$\alpha_n=20°$，法向齿顶高系数$h_{an}{}^*=1$，法向顶隙系数$c_n{}^*=0.25$。

由于斜齿圆柱齿轮的直径和传动中心距等参数的计算是在斜齿圆柱齿轮的端面内进行的，我们也要了解斜齿圆柱齿轮法向参数与端面参数之间的换算关系。

法向齿距与端面齿距换算公式

$$p_n=p_t\cos\beta \qquad\qquad （式2-3-28）$$

法向模数与端面模数换算公式

$$m_n = m_t \cos\beta \qquad (\text{式}2-3-29)$$

法向压力角与端面压力角换算公式

$$\tan\alpha_n = \tan\alpha_t \cos\beta \qquad (\text{式}2-3-30)$$

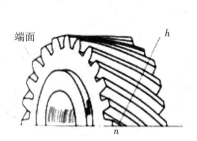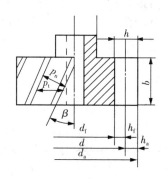

图 2-3-62   斜齿圆柱齿轮端面参数和法向参数

（3）参数计算公式

由于斜齿圆柱齿轮传动从端面上看与直齿齿轮传动完全相同,故可直接用端面参数按直齿圆柱齿轮参数计算公式来计算,其几何参数具体见表2-3-13。

表 2-3-13   外啮合标准斜齿轮传动几何参数计算公式

名称	符号	计算公式	名称	符号	计算公式
分度圆直径	d	$d = m_t z = \dfrac{m_n z}{\cos\beta}$	齿顶高	h_a	$h_a = m_n h_{an}^{\ *}$
齿顶圆直径	d_a	$d_a = d + 2h_a$	齿根高	h_f	$h_f = m_n(h_{an}^{\ *} + c_n^{\ *}) = 1.25m_n$
齿根圆直径	d_f	$d_f = d - 2h_f$	标准中心距	a	$a = (d_1 + d_2)/2 = m_t(z_1 + z_2)/2$
全齿高	h	$h = h_a + h_f = 2.25m_n$			$= m_n(z_1 + z_2)/2\cos\beta$

4）斜齿圆柱齿轮的啮合传动

（1）正确啮合条件

外啮合的平行轴斜齿圆柱齿轮传动的一对齿轮能正确的啮合,除了两齿轮的模数和压力角需分别相等外,两齿轮的螺旋角也必须大小相等,旋向相反（内啮合时旋向相同）。故斜齿圆柱齿轮传动的正确啮合条件

$$m_{n1} = m_{n2} = m_n ; \alpha_{n1} = \alpha_{n2} = \alpha_n ; \beta_1 = -\beta_2 \qquad (\text{式}2-3-31)$$

（2）重合度

如图2-3-64所示,斜齿圆柱齿轮的重合度比直齿圆柱齿轮大。齿轮从 A 点进入啮合,在 E 点终止啮合,从图2-3-64中可看出,斜齿圆柱齿轮轮齿前端开始脱离啮合区 L 时,轮齿后端仍在啮合区 L 中,还要经过 ΔL 区域才脱离啮合。所以斜齿圆柱齿轮的轮齿实际啮合长度为 $L + \Delta L$ 。又 $\Delta L = b\tan\beta$,因此,斜齿圆柱齿轮的重合度为:

斜齿圆柱齿轮的重合度

$$\varepsilon = \frac{L + \Delta L}{p_{bt}} = \frac{L}{p_{bt}} + \frac{b\tan\beta}{p_{bt}} = \varepsilon_t + \varepsilon_\beta \qquad (式\ 2-3-32)$$

p_{bt}—— 端面基圆齿距；

b—— 齿宽；

β—— 螺旋角；

ε_t—— 端面重合度；

ε_β—— 轴向重合度。

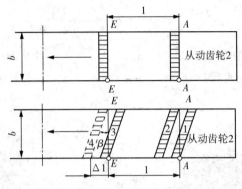

图 2-3-64　斜齿圆柱齿轮的重合度

（3）当量齿数

用铣刀加工斜齿圆柱齿轮时，铣刀是沿螺旋线方向进刀的，因此必须按斜齿圆柱齿轮的法向齿形选择铣刀。此外，在计算斜齿圆柱齿轮的强度时，轮齿之间的作用力是在法面上，所以需要一个虚拟的与该斜齿圆柱齿轮法面齿形相当的直齿圆柱齿轮来进行近似计算，该虚拟齿轮称为当量齿轮，它的齿数就是当量齿数，用 z_v 来表示。由此可得出，确定斜齿圆柱齿轮法向渐开线齿形的参数有法向模数 m_n、法向压力角 α_n 和当量齿数 z_v。斜齿圆柱齿轮当量齿数 z_v 与不发生根切的最少齿数 z_{min} 计算公式如下：

当量齿数与斜齿圆柱齿轮齿数换算公式

$$z_v = d/m_n\cos^2\beta = z/\cos^3\beta \qquad (式\ 2-3-33)$$

标准斜齿圆柱齿轮不发生根切的最少齿数

$$z_{min} = z_{vmin}\cos^3\beta = 17\cos^3\beta \qquad (式\ 2-3-34)$$

由式 2-3-34 可知，标准斜齿圆柱齿轮不发生根切的最少齿数比标准直齿圆柱齿轮少，故采用斜齿圆柱齿轮传动可使结构更为紧凑。

5）斜齿圆柱齿轮传动受力分析

如图 2-3-65 所示，斜齿圆柱齿轮的轮齿所受的法向力 F_n 分解成互相垂直的三个分力，即圆周力 F_t、径向力 F_r 和轴向力 F_a，各分力计算公式为：

圆周力

$$F_{t1} = -F_{t2} = \frac{2T_1}{d_1} \qquad (式\ 2-3-35)$$

径向力

$$F_{r1} = -F_{r2} = \frac{F_{t1}\tan\alpha_n}{\cos\beta} \qquad (式 2-3-36)$$

轴向力

$$F_{a1} = -F_{a2} = F_{t1}\tan\beta \qquad (式 2-3-37)$$

法向力

$$F_{n1} = -F_{n2} = \frac{F_{t1}}{\cos\alpha_n\cos\beta} \qquad (式 2-3-38)$$

T_1 —— 小齿轮上传递的转矩（N·mm）；
d_1 —— 小齿轮分度圆直径（mm）；
α_n —— 法向压力角。

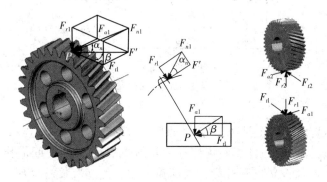

图 2-3-65　斜齿圆柱齿轮传动受力分析

作用于主动轮上的圆周力和径向力方向的判定方法与直齿圆柱齿轮相同，轴向力方向可依据"左右手法则"来判定，即左旋斜齿圆柱齿轮用左手、右旋斜齿圆柱齿轮用右手，四指沿该齿轮旋转的方向握住轴线，伸出的大拇指即表示该齿轮的轴向力方向，具体如图 2-3-66 所示。作用于从动轮上的力需根据作用力与反作用力来判断，即从动轮上的轴向力方向与主动轮的轴向力方向大小相等，方向相反。

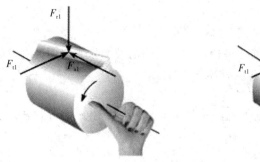
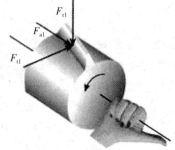

图 2-3-66　左右手法则

2. 蜗杆传动

1) 蜗杆传动概述

蜗杆传动(图 2-3-67)由蜗杆和蜗轮组成,用来传递空间两交错轴之间的运动和动力,通常两轴垂直交错,即交错角为 90°。一般蜗杆为主动件,蜗轮为从动件,作减速传动,广泛应用于各种机械和仪器之中。

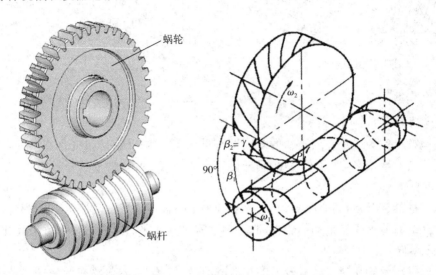

图 2-3-67　蜗杆传动的组成

蜗杆传动可分为圆柱蜗杆传动(图 2-3-68)、环面蜗杆传动(图 2-3-69)和锥面蜗杆传动(图 2-3-70),其中圆柱蜗杆传动又分为普通圆柱蜗杆传动和圆弧圆柱蜗杆传动。普通圆柱蜗杆传动又可分为阿基米德蜗杆传动(轴向直齿廓蜗杆,ZA 蜗杆)(图 2-3-71)、渐开线蜗杆传动(ZI 蜗杆)(图 2-3-72)和延伸渐开线蜗杆传动(法向直齿廓蜗杆,ZN 蜗杆)。其中阿基米德蜗杆传动最为简单。

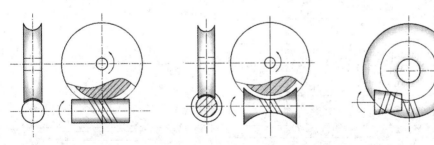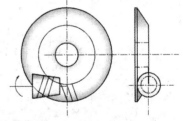

图 2-3-68　圆柱蜗杆传动　　图 2-3-69　环面蜗杆传动　　图 2-3-70　锥面蜗杆传动

蜗杆传动有如下特点:

(1) 传动比大

蜗杆的齿数(头数)一般为 $1 \sim 6$,由于一对啮合齿轮的传动比等于两齿轮的齿数反比,故蜗杆传动的传动比很大,一般在动力传动中 $i = 10 \sim 80$,只传递运动时可达 $i = 1000$。因此,蜗杆传动结构紧凑,体积小、重量轻。

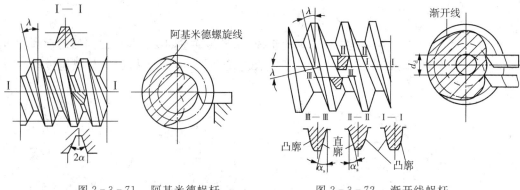

图 2-3-71　阿基米德蜗杆　　　　　　　图 2-3-72　渐开线蜗杆

（2）传动平稳

因为蜗杆上的轮齿是连续不断的螺旋齿，它与蜗轮的啮合运动始终是连续的，且同时参与啮合的轮齿对数较多，重合度大，故蜗杆传动传动平稳，冲击、振动及噪音均较小。

（3）可自锁

当蜗杆的螺旋升角，即蜗杆导程角 γ 很小（小于啮合面的当量摩擦角）时，蜗杆传动具有自锁性。此时只能由蜗杆带动蜗轮传动，可用于需要自锁的机构中，如：手动起重机。

（4）效率低

由于蜗杆与蜗轮在啮合处有较大的相对滑动，发热量大，传动效率低，一般只有 70% ～ 92%，具有自锁性能时，传动效率低于 50%。为了减摩和耐磨，蜗轮常用青铜等非金属制造，成本较高。

2）蜗杆传动的基本参数

以阿基米德蜗杆传动（图 2-3-73）为例，通过蜗杆轴线并垂直于蜗轮轴线的平面称为中间平面。在中间平面内，阿基米德蜗杆传动相当于齿轮齿条传动，因此，阿基米德蜗杆传动的参数均在中间平面内确定，并且沿用渐开线圆柱齿轮传动的计算公式。

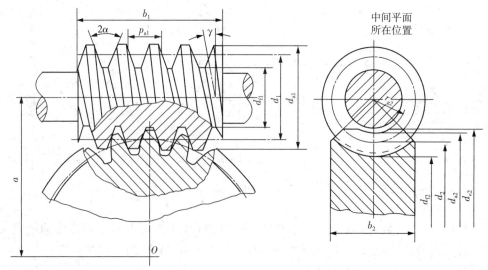

图 2-3-73　阿基米德蜗杆传动

（1）蜗杆分度圆直径

蜗杆的模数在蜗杆的轴面，蜗杆的模数与分度圆直径没有直接关系，所以当蜗杆的模数m和头数z_1确定之后，分度圆直径并不能确定。蜗杆存在多种分度圆直径，导致在加工蜗轮时需要多把蜗轮滚刀。为了限制蜗轮滚刀的数目，国家标准对每一个标准模数规定了一定数量的蜗杆分度圆直径d_1，并把蜗杆分度圆直径和模数之比称为蜗杆直径系数，用q表示。

蜗杆直径系数

$$q = d_1/m \qquad\qquad （式2-3-39）$$

表2-3-14　90°交角传递动力用普通圆柱蜗杆的基本参数（部分）

模数 m（mm）	分度圆直径 d_1（mm）	蜗杆头数 z_1	直径系数 q
1	18	1	18.000
1.25	20	1	16.000
	22.4	1	17.930
1.6	20	1、2、4	12.500
	28	1	17.500
2	(18)	1、2、4	9.000
	22.4	1、2、4、6	11.200
	(28)	1、2、4	14.000
	35.5	1	17.750
2.5	(22.4)	1、2、4	8.960
	28	1、2、4、6	11.200
	(35.5)	1、2、4	14.200
	45	1	18.000

注：括号中数据尽可能不用。

（2）蜗杆导程角

如图2-3-74所示，蜗杆螺旋齿廓和分度圆柱面的交线为螺旋线，将蜗杆分度圆柱面展开，该螺旋线展开线与蜗杆端面所夹的锐角称为蜗杆分度圆柱面上的螺旋线升角，或称蜗杆导程角，用γ表示。由图可得

蜗杆导程角与导程的换算公式

$$\tan\gamma = \frac{L}{\pi d_1} = \frac{z_1 p_{x1}}{\pi d_1} = \frac{z_1 \pi m}{\pi d_1} = \frac{z_1 m}{d_1} = \frac{z_1}{q} \qquad （式2-3-40）$$

L——螺旋线的导程（mm）；

γ——蜗杆导程角；

z_1——蜗杆的齿数；

d_1——蜗杆的分度圆（mm）；

m—— 蜗杆的模数(mm);

q—— 蜗杆直径系数。

由式 2-3-40 可看出,蜗杆分度圆直径 d_1 越小,导程角 γ 就越大,传动效率越高,但加工较困难。通常取 $\gamma = 3.5° \sim 27°$,当 $\gamma = 3.5° \sim 4.5°$ 时,蜗杆传动可实现自锁。

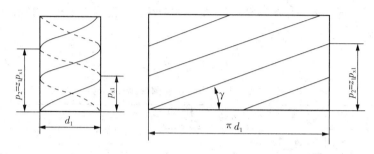

图 2-3-74　蜗杆分度圆柱展开图

(3)传动比

蜗杆的齿数又称头数,用 z_1 表示,z_1 越大,传动效率越高,加工也越困难,一般取 $z_1 = 1$、2、4、6。当传动比大于 40 或要求蜗杆具备自锁性能时,取 $z_1 = 1$。蜗轮的齿数用 z_2 表示,z_2越大,同时啮合的轮齿对数越多,传动越平稳,一般取 $z_2 > 28$。z_2 过大时,蜗轮的直径增大,蜗杆也相应增长,会导致蜗杆刚度减小,影响传动精度,故一般取 $z_2 \leqslant 100$。由于蜗杆的模数与分度圆直径没有直接关系,其传动比计算公式为

蜗轮传动传动比

$$i = \frac{z_2}{z_1} \neq \frac{d_2}{d_1}$$
（式 2-3-41）

(4)参数计算

阿基米德蜗杆传动的主要参数计算见表 2-3-15。

表 2-3-15　普通阿基米德蜗杆传动主要几何参数计算公式

名称	蜗杆	蜗轮
分度圆直径	$d_1 = mq$	$d_2 = mz_2$
齿顶圆直径	$d_{a1} = d_1 + 2m$	$d_{a2} = d_2 + 2m$
齿根圆直径	$d_{f1} = d_1 - 2.4m$	$d_{f2} = d_2 - 2.4m$
全齿高	$h_1 = h_{a1} + h_{f1} = 2.2m$	$h_2 = h_{a2} + h_{f2} = 2.2m$
齿顶高	$h_{a1} = m$	$h_{a2} = m$
齿根高	$h_{f1} = 1.2m$	$h_{f2} = 1.2m$
中心距	$a = (d_1 + d_2)/2 = m(q + z_2)/2 = m(z_1/\tan\gamma + z_2)/2$	

3)蜗杆传动的正确啮合条件

阿基米德蜗杆传动的中间平面为蜗杆的轴面和蜗轮的端面,相当于齿轮齿条啮合传动,

故在设计计算中,蜗杆的轴向模数 m_{a1} 和蜗轮的端面模数 m_{t2} 为标准值。蜗杆的轴向压力角 α_{a1} 和蜗轮的端面压力角 α_{t1} 也为标准值,又阿基米德蜗杆传动标准压力角 $\alpha = 20°$,蜗杆导程角为 γ,蜗轮螺旋角为 β,因此,

阿基米德蜗杆传动的正确啮合条件

$$m_{a1} = m_{t2} = m;\alpha_{a1} = \alpha_{t1} = \alpha = 20°;\gamma = \beta \qquad (式 2 - 3 - 42)$$

4)蜗杆传动的受力分析

蜗杆传动的受力分析和斜齿圆柱齿轮传动相似,如图 2 - 3 - 75 所示,作用在蜗杆齿面上的法向力 F_n 可分解成三个互相垂直的分力,即圆周力 F_t、径向力 F_r 和轴向力 F_a,各分力计算公式为:

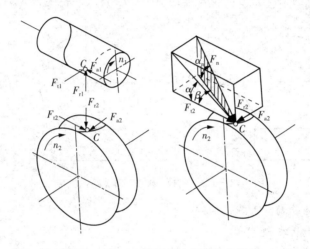

图 2 - 3 - 75　蜗杆传动的受力分析

蜗杆圆周力与蜗轮轴向力

$$F_{t1} = -F_{a2} = \frac{2T_1}{d_1} \qquad (式 2 - 3 - 43)$$

蜗杆轴向力与蜗轮圆周力

$$F_{a1} = -F_{t2} = \frac{2T_2}{d_2} \qquad (式 2 - 3 - 44)$$

径向力

$$F_{r1} = -F_{r2} = F_{t2}\tan\alpha \qquad (式 2 - 3 - 45)$$

法向力

$$F_{n1} = -F_{n2} = \frac{F_{a1}}{\cos\alpha_n\cos\gamma} \qquad (式 2 - 3 - 46)$$

T_1——蜗杆上传递的转矩(N·mm);

T_2——蜗轮上传递的转矩(N·mm);

d_1—— 蜗杆分度圆直径(mm);

d_2—— 蜗轮分度圆直径(mm);

α_n—— 压力角;

α_n—— 法向压力角;

γ—— 蜗杆导程角。

由于蜗杆传动中,蜗杆、蜗轮的转向关系不易直接判断,可采用蜗杆轴向力方向和蜗轮圆周力方向与蜗杆、蜗轮转向的关系来判断。蜗杆传动中主动轮一般是蜗杆,所以蜗杆的轴向力方向通常采用"左右手法则"来判定,具体如图2-3-76所示。作用于蜗轮上的力需根据作用力与反作用力来判断,即蜗轮的圆周力方向与蜗杆的轴向力方向大小相等,方向相反。然后可根据蜗轮的圆周力方向及其作用点,判断蜗杆、蜗轮的转向关系。

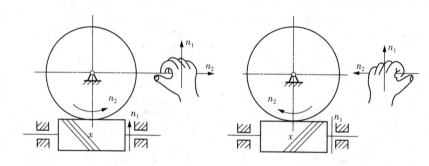

图2-3-76　蜗杆、蜗轮转向关系的判断

3. 直齿圆锥齿轮传动

1)直齿圆锥齿轮传动概述

圆锥齿轮传动用于传递两相交轴之间的运动与动力,通常两轴线相交成90°。直齿圆锥齿轮传动的设计、制造和安装都比较简单,适用于低速、轻载的场合,应用很广泛。曲齿圆锥齿轮传动传动平稳,承载能力强,常用于高速、重载的场合,如汽车差速器中。斜齿圆锥齿轮传动目前已较少使用。

2)直齿圆锥齿轮传动的基本参数

直齿圆锥齿轮(图2-3-77)的轮齿分布在锥面上,故轮齿有大端和小端之分。为了便于计算和测量,通常取大端的模数为标准值,压力角也为标准值$\alpha=20°$,齿顶高系数$h_a^*=1$,顶隙系数$c^*=0.2$。

直齿圆锥齿轮的分度圆直径

$$d_1 = 2\overline{OP}\sin\delta_1 \, ; d_2 = 2\overline{OP}\sin\delta_2 \qquad (式2-3-47)$$

直齿圆锥齿轮传动比

$$i_{12} = \frac{n_1}{n_2} = \frac{d_2}{d_1} = \frac{z_2}{z_1} = \frac{\sin\delta_2}{\sin\delta_1} \qquad (式2-3-48)$$

交错角90°的直齿圆锥齿轮传动比

$$i_{12} = \frac{\sin\delta_2}{\sin\delta_1} = \cot\delta_1 = \tan\delta_2 \qquad (式2-3-49)$$

n_1、n_2——两直齿圆锥齿轮的转速（r/min）；

d_1、d_2——两直齿圆锥齿轮的分度圆直径（mm）；

z_1、z_2——两直齿圆锥齿轮的齿数；

δ_1、δ_2——两直齿圆锥齿轮的分度圆锥角。

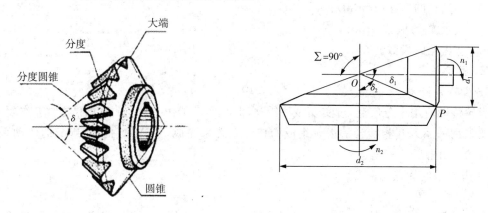

图 2 - 3 - 77　直齿圆锥齿轮

3）直齿圆锥齿轮传动的正确啮合条件

两直齿圆锥齿轮正确啮合的条件是大端模数和压力角分别相等。

直齿圆锥齿轮传动的正确啮合条件

$$m_1 = m_2 = m; \alpha_1 = \alpha_2 = \alpha \qquad\qquad（式 2 - 3 - 50）$$

4. 齿轮齿条传动

1）齿轮齿条传动概述

齿轮齿条传动是将齿轮的回转运动转变为齿条的往复直线运动，或将齿条的往复直线运动改变为齿轮的回转运动，在工厂自动化中有广泛的应用。

齿条可视为模数一定，齿数趋于无穷大的圆柱齿轮。当齿数趋向于无穷大时，齿条的分度圆、齿顶圆和齿根圆成为互相平行的直线，称为分度线、齿顶线和齿根线。齿数无穷大时，基圆直径也为无穷大，齿条齿廓上的渐开线成为直线。

2）齿轮齿条传动的基本参数

齿条的齿廓为直线，故齿廓上各点的压力角均等于齿廓的倾斜角，齿距从齿顶到齿根均相等，$p = \pi m$。

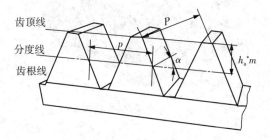

图 2 - 3 - 78　齿轮齿条传动的基本参数

齿条直线移动速度与齿轮转速的换算公式

$$v = n\pi m z \qquad (式\ 2-3-51)$$

v—— 齿条的移动速度(mm/min);

n—— 齿轮的转速(r/min);

m—— 齿轮的模数(mm);

z—— 齿轮的齿数。

二、齿轮系

1. 齿轮系概述

齿轮传动应用十分广泛,可实现多种传动,但在实际工作中,为了满足不同的工作要求,常常要采用一系列互相啮合的齿轮组成的传动系统来完成,这样的由齿轮组成的传动系统称为齿轮系(图 2-3-79)。

1)齿轮系的优点

(1)结构紧凑

当两轴间距离较远时,如果只用一对齿轮传动,齿轮的尺寸过大,会造成空间和材料的浪费。改为使用齿轮系,利用多个齿轮互相啮合,可大大地减小单个齿轮的尺寸,使整体装置结构紧凑、重量减轻,更加符合实际生产要求(图 2-3-80)。

当需要传递的功率较大时,可采用如图 2-3-81 多个小齿轮多点与原动件齿轮啮合,分担载荷、平衡离心惯性力的同时,减小了单个齿轮的尺寸,使整体结构非常紧凑。

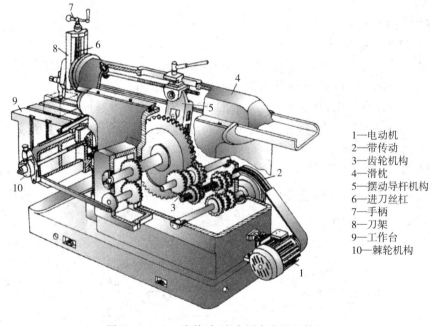

1—电动机
2—带传动
3—齿轮机构
4—滑枕
5—摆动导杆机构
6—进刀丝杠
7—手柄
8—刀架
9—工作台
10—棘轮机构

图 2-3-79　齿轮系(牛头刨床变速机构)

(2)传动比大

当两轴之间需要较大的传动比时,仅用一对齿轮来传动是不合适的,因为传动比过大会

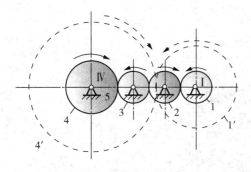

图 2-3-80 远距离传动

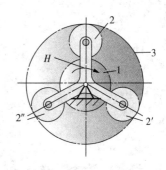

图 2-3-81 大功率传动

导致啮合的两齿轮磨损差别较大、寿命悬殊。所以，当需要较大的传动比时，可采用齿轮系，单级圆柱齿轮减速器的传动比需小于 5，而二级圆柱齿轮减速器（图 2-3-82）的传动比可达 8～30，三级圆柱齿轮减速器的传动比可达 35～340，复杂齿轮系的传动比甚至可达 1000 以上。

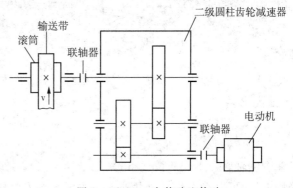

图 2-3-82 大传动比传动

2）齿轮系的应用

（1）实现分路传动

当机械传动中，只有一个原动件，却有多个执行机构时，齿轮系可使一个主动轴同时带动多个从动轴，将运动从不同的传动路线传递给执行机构，从而实现分路传动（图 2-3-83、图 2-3-84）。

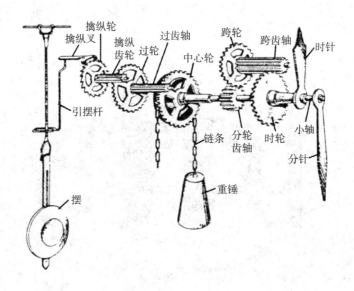

图 2-3-83 简易挂钟

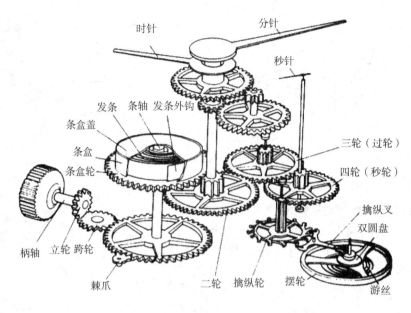

图 2-3-84　机械钟表

（2）实现变速与换向运动

在主动轴转速不变的情况下,采用齿轮系可使从动轴获得多种工作转速。而在齿轮系中采用惰轮,可以在不改变主动轴转向的情况下改变从动轴的转向。惰轮,同时与两个互不接触的齿轮外啮合,传递动力与运动,它的作用只是改变转向,不影响齿轮系的传动比（图2-3-85、图2-3-86,图2-3-87）。

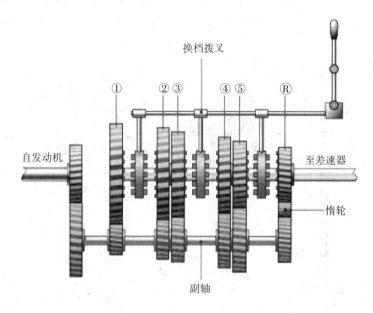

图 2-3-85　汽车手动变速器

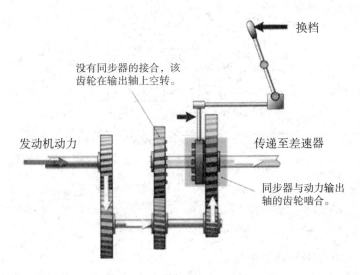

图 2 - 3 - 86　变速过程

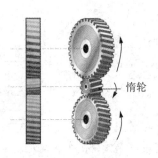

图 2 - 3 - 87　换向装置

（3）实现运动的合成与分解

齿轮系中的差动齿轮系可将两个原动件的输入运动合成为一个执行构件的输出运动，也可以反过来，将一个原动件的输入运动分解成两个执行构件的输出运动（图 2 - 3 - 88、图 2 - 3 - 89）。

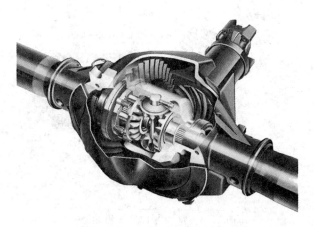

图 2 - 3 - 88　汽车差速器

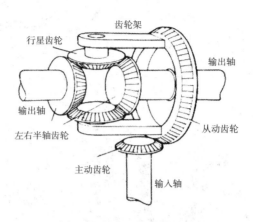

图 2-3-89　差速器原理

（4）实现工艺动作和特殊运动轨迹

齿轮系中的行星齿轮系的运动特点是其中的行星轮既自转又公转，能形成特殊的运动轨迹，可用于实现工艺动作（图 2-3-90）。

2. 齿轮系的类型

根据齿轮系运转时齿轮的轴线位置相对于机架是否固定，可将齿轮系分为定轴齿轮系和周转齿轮系两大类。

1）定轴齿轮系

传动时，齿轮系中的每个齿轮的几何轴线位置相对于机架都固定不动，这种齿轮系称为定轴齿轮系。

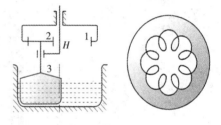

图 2-3-90　打蛋机

定轴齿轮系按其内齿轮轴线的相对位置可分为两大类：

（1）平面定轴齿轮系

定轴齿轮系中各齿轮的轴线互相平行，称为平面定轴齿轮系（图 2-3-91）。

图 2-3-91　平面定轴齿轮系

（2）空间定轴齿轮系

定轴齿轮系中各齿轮的轴线不完全平行，称为空间定轴齿轮系（图2-3-92）。

图2-3-92　空间定轴齿轮系（1～6为输出轴）

2）周转齿轮系

传动时，至少有一个齿轮的几何轴线绕着其他齿轮的固定轴线转动的齿轮系，称为周转齿轮系（图2-3-93）。周转齿轮系中，轴线位置固定不动的齿轮1、3称为太阳轮。绕自身轴线旋转又绕太阳轮轴线公转的齿轮2称为行星轮。支撑行星轮的构件H称为行星架，或系杆。

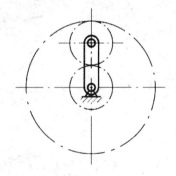

图2-3-93　周转齿轮系

周转齿轮系根据自由度的不同可分为两大类：

（1）行星齿轮系

周转齿轮系中的太阳轮3若固定不动（图2-3-94），则该周转齿轮系的自由度为1。自由度为1的周转齿轮系称为行星齿轮系，该齿轮系只需要一个原动件就可有确定的输出运动。

（2）差动齿轮系

两个太阳轮若都可绕轴线旋转（图2-3-95），则该周转齿轮系的自由度为2。自由度为2的周转齿轮系称为差动齿轮系，该齿轮系需要有两个原动件才可有确定的输出运动。

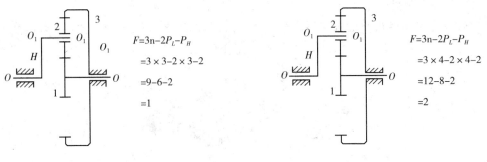

$$F=3n-2P_L-P_H$$
$$=3 \times 3-2 \times 3-2$$
$$=9-6-2$$
$$=1$$

$$F=3n-2P_L-P_H$$
$$=3 \times 4-2 \times 4-2$$
$$=12-8-2$$
$$=2$$

图 2-3-94　行星齿轮系　　　　　　　　　图 2-3-95　差动齿轮系

3）复合齿轮系

实际工作中常常将定轴齿轮系和周转齿轮系组合在一起,或将几个单一周转齿轮系组合在一起实现复杂的运动,这种齿轮系称为复合齿轮系(图 2-3-96、图 2-3-97、图 2-3-98)。

图 2-3-96　定轴齿轮系与周转齿轮系组成的复合齿轮系

图 2-3-97　两个单一周转齿轮系组成的复合齿轮系

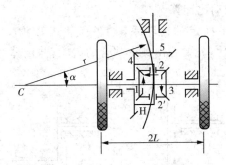

图 2 - 3 - 98　　汽车差速器

3. 齿轮系传动比的计算

齿轮系的传动比是指齿轮系中首末两轮的转速或角速度之比,用 i_{1N} 表示。确定一个齿轮系的传动比需要计算该传动比的大小,并确定该传动比首末两轮的转向关系。

1) 定轴齿轮系传动比计算

当齿轮系中只有一对啮合的齿轮时,该齿轮系的传动比计算公式为

齿轮传动比

$$i_{12} = \frac{n_1}{n_2} = \pm \frac{z_2}{z_1} \qquad\qquad (式 2 - 3 - 52)$$

n_1、n_2 —— 两轮转速(r/min);

z_1、z_2 —— 两轮齿数;

$\pm$ —— 外啮合取"$-$",内啮合取"$+$"。

式 2-3-52 中计算结果前面的正负号可表示两齿轮的转向关系,"$-$"表示两轮的转向相反,"$+$"表示两轮的转向相同。两轮的转向关系也可用在图中画箭头的方法来表示,箭头的方向与两齿轮的类型和啮合关系有关,详细方法如图 2 - 3 - 99、图 2 - 3 - 100、图 2 - 3 - 101 和图 2 - 3 - 102。

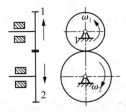

图 2 - 3 - 99　平行轴外啮合圆柱齿轮传动

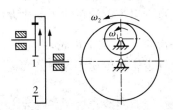

图 2 - 3 - 100　平行轴内啮合圆柱齿轮传动

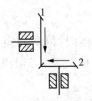

图 2 - 3 - 101　圆锥齿轮传动

图 2 - 3 - 102　蜗杆传动

（1）平面定轴齿轮系传动比计算

如图 2-3-103 所示平面定轴齿轮系，设各齿轮齿数为 z_1、z_2……，各轮转速为 n_1、n_2……，求该齿轮系的传动比，先要找出其中啮合的齿轮，并计算每对啮合齿轮的传动比。

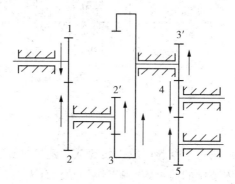

图 2-3-103　平面定轴齿轮系

齿轮传动顺序　1 外啮合 2 同轴 2′ 内啮合 3 同轴 3′ 外啮合 4 外啮合 5

每对齿轮传动比

$$i_{12}=\frac{n_1}{n_2}=-\frac{z_2}{z_1};\ i_{2'3}=\frac{n_{2'}}{n_3}=\frac{z_3}{z_{2'}};\ i_{3'4}=\frac{n_{3'}}{n_4}=-\frac{z_4}{z_{3'}};\ i_{45}=\frac{n_4}{n_5}=-\frac{z_5}{z_4}\ (式\ 2-3-53)$$

首末轮传动比

$$i_{15}=\frac{n_1}{n_5}=\frac{n_1}{n_2}\times\frac{n_{2'}}{n_3}\times\frac{n_{3'}}{n_4}\times\frac{n_4}{n_5}=i_{12}\times i_{2'3}\times i_{3'4}\times i_{45}$$

$$=(-\frac{z_2}{z_1})\times\frac{z_3}{z_{2'}}\times(-\frac{z_4}{z_{3'}})\times(-\frac{z_5}{z_4})=-(\frac{z_2 z_3 z_4 z_5}{z_1 z_{2'} z_{3'} z_4})\quad (式\ 2-3-54)$$

由上式可看出该齿轮系的传动比大小为 $\frac{z_2 z_3 z_4 z_5}{z_1 z_{2'} z_{3'} z_4}$，首末轮转向相反。

如果一齿轮系有 N 个齿轮，由上述分析，我们可得出：

平面定轴齿轮系传动比计算公式

$$i_{1N}=(-1)^m\ \frac{首轮末轮间所有从动轮齿数的乘积}{首轮至末轮间所有主动轮齿数的乘积}\qquad (式\ 2-3-55)$$

m—— 外啮合圆柱齿轮副的对数。

（2）空间定轴齿轮系传动比计算

空间定轴齿轮系传动比计算方法与平面定轴齿轮系基本相同，但空间定轴齿轮系里的齿轮轴线不互相平行，所以不能采用正负号来表示两齿轮的转向关系，必须用在图中画箭头的方法来表示，如图 2-3-104。

齿轮传动顺序　1 啮合 2 同轴 3 啮合 4 啮合 5 同轴 6 啮合 7 啮合 8 同轴 9 啮合 10

首末轮传动比

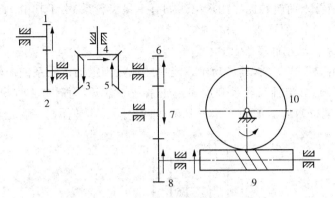

图 2 - 3 - 104　空间定轴齿轮系

$$i_{1\,10} = \frac{z_2 z_4 z_5 z_7 z_8 z_{10}}{z_1 z_3 z_4 z_6 z_7 z_9} \qquad (式 2 - 3 - 56)$$

首末轮转向关系如图 2 - 3 - 104 中箭头方向所示。

2）周转齿轮系传动比计算

在周转齿轮系中，行星架 H 以角速度 ω_H 旋转，导致其上的行星轮既自转又公转，故不能直接采用定轴齿轮系的传动比计算公式。若将整个周转齿轮系加上一个与行星架等值反向的角速度（$-\omega_H$），行星架角速度将变为 0，且构件间的相对运动没有受到影响，此时该周转齿轮系转化为一个假想的定轴齿轮系（图 2 - 3 - 105）。对于该转化齿轮系，可采用定轴齿轮系的传动比计算公式进行计算。

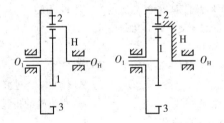

图 2 - 3 - 105　周转齿轮系与其转化齿轮系

对于右图的转化齿轮系，每个齿轮的转化后角速度为

$$\omega_1^H = \omega_1 - \omega_H;\ \omega_2^H = \omega_2 - \omega_H;\ \omega_3^H = \omega_3 - \omega_H;\ \omega_H^H = \omega_H - \omega_H = 0 \text{（式 2 - 3 - 57）}$$

即，每个齿轮的转化后转速为

$$n_1^H = n_1 - n_H;\ n_2^H = n_2 - n_H;\ n_3^H = n_3 - n_H;\ n_H^H = n_H - n_H = 0 \text{（式 2 - 3 - 58）}$$

齿轮传动顺序　　　　太阳轮 1 外啮合行星轮 2 内啮合太阳轮 3

转化齿轮系传动比计算公式

$$i_{13}^H = \frac{n_1^H}{n_3^H} = \frac{n_1 - n_H}{n_3 n_H} = -\frac{z_2 z_3}{z_1 z_2} = -\frac{z_3}{z_1} \qquad (式 2 - 3 - 59)$$

由式 2 - 3 - 59 可知 n_1、n_3、n_H 三个转速只要已知其中两个，便可求出第三个，该差动齿轮

系的传动比就可由首末两轮转速之比求出。如有行星齿轮系，由于其中 $n_3=0$，n_1、n_H 两个转速中已知其中任意一个，便可求出另一个。

3）复合齿轮系传动比计算

复合齿轮系由于组成复杂，其传动比不能单纯地视为定轴齿轮系或周转齿轮系来计算，故需将其包含的各部分定轴齿轮系和周转齿轮系一一分开，而后分别列出各齿轮系的传动比公式，最后进行联立求解。如图 2-3-106，由两个周转齿轮系与一个定轴齿轮系组成。

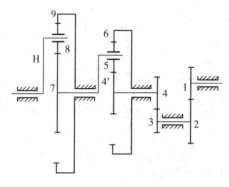

图 2-3-106　复合齿轮系

2.3.6　自测任务

一、单选题

1. 齿轮传动中可实现两相交轴之间传动的是（　　）传动。

A. 圆柱直齿轮　　　　　B. 圆柱斜齿轮　　　　　C. 锥齿轮　　　　　D. 蜗杆

2. 渐开线标准直齿圆柱齿轮的分度圆压力角是（　　）。

A. 15°　　　　　B. 20°　　　　　C. 25°　　　　　D. 30°

3. 一对啮合的齿轮，一般（　　），以保证齿轮的有效啮合宽度。

A. 齿宽相等　　　　　　　　　　　B. 齿宽越宽越好

C. 大齿轮的齿宽较小齿轮宽 5～10mm　　D. 小齿轮的齿宽较大齿轮宽 5～10mm

4. 有关于变位齿轮，下述描述正确的是（　　）。

A. 正变位齿轮齿根部齿厚增加　　　　　B. 正变位齿轮齿顶部齿厚增加

C. 负变位齿轮有利于提高齿轮强度　　　D. 以上皆不正确

5. 与齿轮传动相比，蜗杆传动有（　　）的缺点。

A. 传动比大　　　　　B. 传动平稳　　　　　C. 可自锁　　　　　D. 效率低

6. 齿轮系可用于实现（　　）。

A. 分路传动　　　　　B. 变速与换向运动　　　　C. 运动的合成与分解　D. 以上皆可

二、判断题

1. 齿轮的模数的大小可以反应齿轮轮齿的大小，它是标准值，用 m 表示，没有单位。

2. 将一对渐开线标准齿轮标准安装时，两轮的分度圆是相切的。

3. 当一对齿轮的主要失效形式为齿面点蚀时，直接按齿面接触疲劳强度设计，无须校核。

4. 采用范成法加工齿轮时，齿轮的齿数应不少于某一最小限度，是为了防止出现根切现象。

5. 闭式齿轮传动通常采用人工周期性加油润滑，速度较低时可采用润滑脂润滑。

6. 齿轮齿条传动可将齿轮的回转运动转变为齿条的往复直线运动，也可将齿条的往复直线运动改变为齿轮的回转运动。

三、简答题

1. 什么是重合度？斜齿圆柱齿轮的重合度与直齿圆柱齿轮相较有什么特点？

2. 直齿圆柱齿轮传动、斜齿圆柱齿轮传动和蜗杆传动的正确啮合条件分别是什么？

3. 常见的齿轮失效形式有哪几种？每种失效形式的减缓措施有哪些？

4. 某二级斜齿圆柱齿轮减速器，已知输入轴上的主动齿轮 1 的转动方向和螺旋线方向如图所示，为使中间轴上齿轮 2、3 的轴向力相互抵消一部分。

求：各轴的转动方向、各齿轮的螺旋线方向以及各齿轮的轴向力方向。

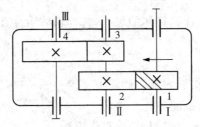

5. 如图所示起重用齿轮系中，悬挂重物 G 的钢丝绳绕在鼓轮上，鼓轮与蜗轮固联而同速。已知各轮齿数 $z_1 = 26, z_2 = 42, z_2' = 22, z_3 = 38, z_3' = 1, z_4 = 100$，动力由 A 输入，$n_1$ 方向如图所示，蜗杆 z_3' 的螺旋线方向如图所示。

求：1) 齿轮系传动比 i_{14}。

2) 重物的运动方向。

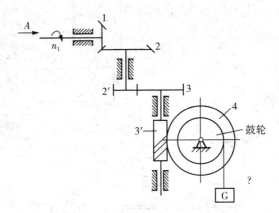

6. 试设计二级减速器中的低速级直齿轮传动。已知用电动机驱动，载荷有中等冲击，齿轮相对于支承位置不对称，单向运转，传递功率 $P = 7.5\text{kW}$，低速级主动轮转速 $n_1 = 380\text{r/min}$，传动比 $i = 3.86$。要求从动轮转速误差不超过 $\pm 5\%$。

子项目 4   带式传输机中减速器箱体设计及附件选择

能力目标：

（1）能够根据给定的设计条件确定减速器箱体的结构型式，选择减速器箱体的材料；

（2）能够根据已知的设计条件和减速器箱体设计的知识，利用经验公式设计计算箱体的尺寸、选定箱体附件及相关连接件、定位件；

（3）能够使用设计资料、查阅工程设计手册、国家标准、规范以及有关工具书等。

知识目标：

（1）了解减速器箱体的类型、材料和结构；

（2）熟悉减速器箱座、箱盖的结构，附件的结构与功用；

（3）熟悉减速器中传动件及支承件润滑的方式应用；

（4）掌握用经验公式设计计算箱体的尺寸，选择箱体附件及相关连接件、定位件。

素质目标：

（1）培养学生求知欲、合作能力及协调能力；

（2）培养学生的观察和分析能力；

（3）引导学生思考、启发学生提问、训练自学方法。

2.4.1 任务导入

设计如图 2-4-1 所示的带式运输机中的传动装置。

设计要求：两班制连续单向运转，载荷轻微变化，使用期限 15 年。输送带速度允差 ± 5%。动力来源电动机，三相交流，电压 380/220V。

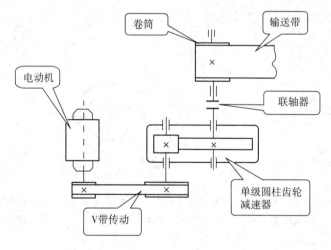

图 2-4-1 带式传输机传动系统

原始数据：

表 2-4-1 带式传输机的设计数据

数据编号	1	2	3	4	5	6	7	8	9	10
运输带工作拉力 F/N	1100	1150	1200	1250	1300	1350	1400	1450	1500	1600

（续表）

数据编号	1	2	3	4	5	6	7	8	9	10
运输带工作速度 $v/(m/s)$	1.5	1.6	1.7	1.5	1.55	1.6	1.55	1.6	1.7	1.8
卷筒直径 D/mm	250	260	270	240	250	260	250	260	280	300

设计内容：确定减速器的箱体结构型式、利用经验公式设计计算箱体的尺寸,选择箱体附件及相关连接件、定位件,并绘制箱体结构草图。

2.4.2　相关知识

一、减速器的结构

减速器是一种由传动件、轴系部件、箱体及附件组成的各类传动装置。传动件、轴系部件在前面和后面的项目中有介绍,这里介绍减速器的箱体及附件。

减速器的结构设计主要是确定减速器箱体尺寸、设计箱体结构及其工艺。

1. 箱体

减速器箱体是用以支承和固定轴系零件,保证传动件的啮合精度、良好润滑及密封的重要零件。常用的减速器箱体由箱座、箱盖两部分组成。如图 2-4-2 所示。

箱体按毛坯制造方式的不同可以分为铸造箱体(图 2-4-2)和焊接箱体(图 2-4-3)。

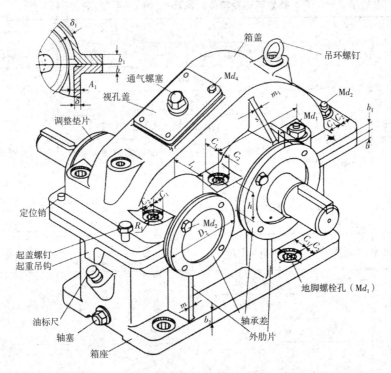

图 2-4-2　二级圆柱齿轮减速器箱体(铸造式箱体)

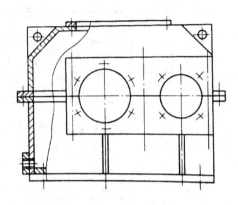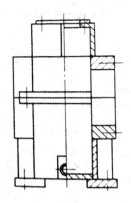

图 2 - 4 - 3　焊接式箱体

箱体材料一般多用铸铁,如 HT150、HT200 等,铸铁具有良好的铸造性和减振性。在重型减速器中为了提高箱体的强度,可采用铸钢,如 ZG15、ZG25 等。焊接箱体比铸造箱体壁厚薄,质量轻(是铸造箱体的 $1/4 - 1/2$),生产周期短,多用于单件小批生产。

就箱体而言,其结构对于减速器的工作性能、加工工艺、材料消耗、质量及成本等有很大的影响。对于箱体,目前没有完整的理论设计方法,通常是在满足强度、刚度的前提下,同时考虑结构紧凑、制造安装方便、质量轻及使用要求等进行经验设计。

表 2 - 4 - 2　铸铁减速器箱体结构尺寸(图 2 - 4 - 2、图 2 - 4 - 4)

名称	符号	尺寸关系		
		齿轮减速器	圆锥齿轮减速器	蜗杆减速器
箱座壁厚	δ	$\delta = 0.025a + \Delta \geqslant 8$		$0.04a + 3 \geqslant 8$
		$\delta_1 = 0.02a + \Delta \geqslant 8$		
		式中 $\Delta = 1$(单级),$\Delta = 3$(双级【1】)		
箱盖壁厚	δ_1	a 为低速级中心距,对于圆锥齿轮减速器,		上置式:$\delta_1 = \delta$
		【2】$a = (d_{m1} + d_{m2})/2$		下置式:$\delta_1 = 0.85\delta \geqslant 8$
箱体凸缘厚度	b、b_1、b_2	箱座 $b = 1.5\delta$;箱盖 $b_1 = 1.5\delta_1$;箱底座 $b_2 = 2.5\delta$		
加强肋厚	m、m_1	箱座 $m = 0.85\delta$;箱盖 $m_1 = 0.85\delta_1$		
地脚螺钉直径	d_f	$0.36a + 12$	$0.018(d_{m1} + d_{m2b} + 1)$ $\geqslant 12$	$0.36a + 12$
地脚螺钉数目	n	$a \leqslant 250, n = 4$	$n = $ 箱底座凸缘周长 $/(200 - 300) \geqslant 4$	
		$a > 250 - 500, n = 6$		
		$a > 500, n = 8$		
轴承旁联接螺栓直径	d_1	$0.75d_f$		
箱盖、箱座联接螺栓直径	d_2	$(0.5 - 0.6)d_f$;螺栓间距 $L \leqslant 150 - 200$		

（续表）

名称	符号	尺寸关系		
		齿轮减速器	圆锥齿轮减速器	蜗杆减速器
轴承盖螺钉直径和数目	d_3、n	见表 2-4-13		
轴承盖(轴承座端面)外径	D_2	见表 2-4-13、2-4-14;$S \approx D_2$,S 为轴承两侧联接螺栓间的距离		
观察孔盖螺钉直径	d_4	$(0.3-0.4)d_f$		

df、$d1$、$d2$ 至箱外壁距离;df、$d2$ 至凸缘边缘的距离	C_1、C_2	螺栓直径	M8	M10	M12	M16	M20	M24	M27	M30
		C_{1min}	13	16	18	22	26	34	34	40
		C_{2min}	11	14	16	20	24	28	32	34

名称	符号	尺寸关系
轴承旁凸台高度和半径	h、R_1	h 由结构确定;$R_1 = C_2$
箱体外壁至轴承座端面距离	l_1	$C_1 + C_2 + (5-10)$

注:(1)对圆锥-圆柱齿轮减速器,按双级考虑。

(2)a 按低速级圆柱齿轮传动中心距取值,d_{m1}、d_{m2} 为两圆锥齿轮的平均直径。

2. 减速器附件

为了使减速器能正常工作,具备较完善的性能,在箱体上设置一些附加装置或零件,这些统称为减速器的附件。它们包括视孔与视孔盖、通气器、油标、放油螺塞、定位销、启盖螺钉、吊运装置、油杯等。减速器附件的名称和用途见表 2-4-3

表 2-4-3 减速器附件

名 称	功 用
窥视孔和视孔盖	为了便于检查箱内传动零件的啮合情况以及将润滑油注入箱体内,在减速器箱体的箱盖顶部设有窥视孔。为防止润滑油飞溅出来和污物进入箱体内,在窥视孔上应加孔盖;
通气器	减速器工作时箱体内温度升高,气体膨胀,箱体内气压增大。为了避免由此引起密封部位的密封性下降造成润滑油渗漏,多在视孔盖上设置通气器,使箱体内热膨胀能自由逸出,保持箱内压力正常,从而保持箱体的密封性;
油面指示器	用于检查箱内油面高度,以保证传动件的润滑。一般设置在箱体上便于观察、油面较稳定的部位;
定位销	为了保证每次拆装箱盖时,仍保持轴承座孔的安装精度,需在箱盖与箱座的联接凸缘上配装两个定位销;
起盖螺钉	为了保证减速器的密封性,常在箱体部分接合面涂有水玻璃或密封胶。为了便于拆装箱盖,在箱盖凸缘上设置1-2个起盖螺钉,拆装箱盖时,拧动起盖螺钉,便可顶起箱盖;
起吊装置	为了搬运和装卸箱盖,在箱盖上装有吊环螺钉或铸出吊耳、吊钩。为了搬运箱座或整个减速器,在箱两端联接处铸出吊钩;
放油孔螺塞	为了排出油污,在减速器箱座最低部设有放油孔,并用放油螺塞和密封圈将其堵住

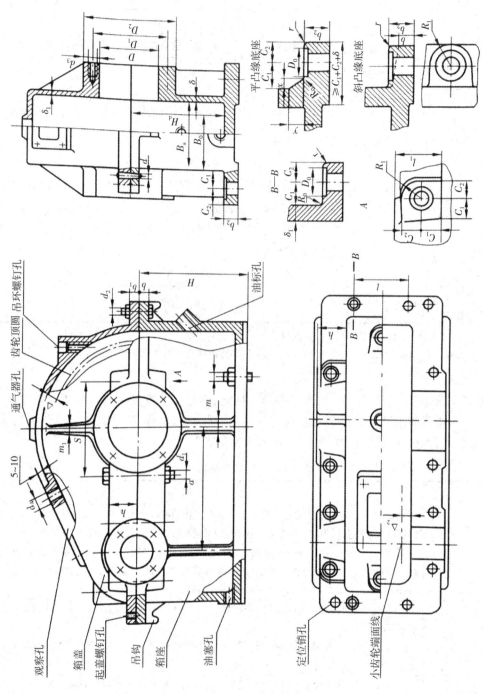

图 2-4-4 齿轮减速器箱体结构尺寸

二、减速器的润滑

减速器的润滑分为齿轮的润滑和滚动轴承的润滑两大部分。直接影响到减速器的寿命、效率及工作性能。

1. 齿轮的润滑

齿轮传动时对齿轮进行润滑,可以减少磨损和发热,还可以防锈、降低噪声,对防止和延缓轮齿失效以及改善齿轮传动的工作状况起着重要的作用。

1)润滑方式

对于闭式齿轮传动的润滑,一般根据齿轮的圆周速度确定,主要有浸油润滑和喷油润滑两种。表2-4-4列出了减速器内传动零件的润滑方式及应用。

对于开式齿轮传动的润滑,由于速度较低,通常采用人工定期加油润滑。

2)润滑剂的选用

齿轮传动润滑油的选用原则:根据齿轮材料的圆周速度确定运动黏度值,再根据选用的黏度值确定润滑油的牌号。

2. 滚动轴承的润滑

滚动轴承的润滑目的主要是减少摩擦、磨损,同时也是冷却、吸振、防锈和减少噪声的作用。常采用脂润滑和油润滑。表2-4-5列出了减速器滚动轴承的常用润滑方式及应用说明。

润滑剂的选择原则:根据轴承的工作条件和润滑方式查表确定润滑剂的牌号。采用脂润滑时,为防止箱体内润滑油飞溅到轴承处稀释润滑脂而使其变质,同时防止油脂泄入箱内,在轴承面向箱体内壁一侧应装挡油环,如图2-4-5所示。

表2-4-4列出了减速器内传动零件的润滑方式。表2-4-5列出了减速器滚动轴承的常用润滑方法。

表 2-4-4　减速器内传动件的润滑方式及其应用

润滑方式			应用说明
浸油润滑	单级圆柱齿轮减速器	当 $m<20$ 时,浸油深度 h 为 1 个齿高,但不小于 10mm	适用于圆周速度 $v\leqslant 12m/s$ 的齿轮传动和 $v\leqslant 10/s$ 的蜗杆传动。传动件浸入油中的深度要适当,既要避免搅油损失太大,又要保证充分润滑。油池要保持一定的深度储油量。对两级或多级齿轮减速器,应选择合适的传动比,使各级大齿轮的直径尽量接近,以便浸油深度相近。若低速级大齿轮直径过大,为避免浸油太深,对高速级可采用带油轮润滑等措施;
	双级或多级圆柱齿轮减速器	高速级大齿轮浸油深度 h_f 约 0.7 个齿高,但不小于 10mm 低速级,当 $v=0.8\sim 12m/s$ 时大齿轮浸油深度 $h_s=1$ 个齿高(不小于 10mm)—1/6 齿轮半径;当 $v=0.5\sim 0.8m/s$ 时,$h_s=(1/6-1/3)$ 齿轮半径 	

（续表）

润滑方式			应用说明
浸油润滑	圆锥齿轮减速器	整个大圆锥齿轮齿宽（至少半个齿宽）浸入油中； 油面 箱底内表面 ＞30～50	适用于圆周速度 $v \leqslant$ 12m/s 的齿轮传动和 $v \leqslant$ 10/s 的蜗杆传动。传动件浸入油中的深度要适当，既要避免搅油损失太大，又要保证充分润滑。油池要保持一定的深度储油量。对两级或多级齿轮减器，应选择合适的传动比，使各级大齿轮的直径尽量接近，以便浸油深度相近。若低速级大齿轮直径过大，为避免浸油太深，对高速度级可采用带油轮润滑等措施；
	蜗杆减速器	上置式：蜗轮浸油深度 h_2 与低速级圆柱大齿轮的浸油深度 h_2 相同； 下置式：蜗杆浸油深度 $h_1 \geqslant 1$ 个螺牙高，但不高于蜗杆轴轴承最低滚动体中心； 油面 $h_1 H_0 H$ ＞30～50	
喷油润滑		利用油泵压力将润滑油从喷嘴直接喷到啮合面上，喷油润滑需要专门的供油装置，费用较贵；	适用于 $v > 12m/s$ 的齿轮和 $v > 10m/s$ 的蜗杆传动。此时因高速使黏在轮齿上的油会被甩掉而且搅油过甚，温升力高，故宜用喷油润滑。也适用于速度不高，但工作条件繁重的重型或重要减速器

表 2-4-5　减速器滚动轴承的润滑方式及其应用

润滑方式		应用说明
脂润滑	润滑脂直接通填入轴承室。图 2-4-5 为利用旋盖式油杯压入润滑脂；	适用于 $v < 1.5 \sim 2m/s$ 的齿轮减速器。可用旋盖式、压注式油杯向轴承室加注润滑脂；

（续表）

润滑方式		应用说明
油润滑	飞溅润滑	利用齿轮溅起的油形成油雾进入轴承室或将飞溅到箱盖内壁的油汇集到输油沟内，再流入轴承进行润滑，如图 2-4-6 所示；	适用于浸油齿轮圆周速度 $v \geqslant 1.5 \sim 2\text{m/s}$ 的场合。当 v 较大（$v > 3\text{m/s}$）时，飞溅油可以形成油雾；当 v 不够大或油的黏度较大时，不易形成油雾，应设置输油沟等引油结构；
	刮板润滑	利用刮板将油从轮缘端面刮下后经输油沟流入轴承，如图 2-4-7；	适用于不能采用飞溅润滑的场合（浸油齿轮 $v < 1.5 - 2\text{m/s}$）；同轴式减速器中间轴承的润滑；蜗轮轴轴承、上置式蜗杆轴轴承的润滑；
	浸油润滑	使轴承局部浸入油中，但油面应不高于最低滚动体的中心；	适用于中、低速如下置式蜗杆轴的轴承润滑。高速时因搅油剧烈易造成严重过热

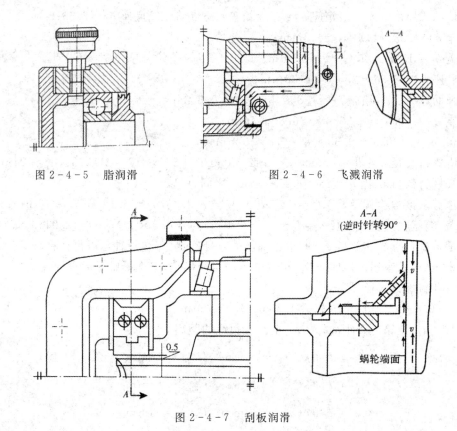

图 2-4-5　脂润滑　　　　　图 2-4-6　飞溅润滑

图 2-4-7　刮板润滑

2.4.3　示范任务

已知一带式传输机单级圆柱齿轮减速器中的直齿圆柱齿轮的设计结果如下：$m = 4$，$Z_1 = 23$，$Z_2 = 110$，$a = 266$。

试确定减速器箱体的结构型式、选择材料、箱体尺寸、附件、连接件等

解:1. 确定箱体的结构型式并选材择材料

因是一般用途的带式传输机的单级圆柱齿轮减速器,故选用铸造剖分式减速器箱体,其材料为 HT150。

2. 确定箱体尺寸、附件、连接件

由表 2-4-2 铸铁减速器箱体结构尺寸,可计算箱体尺寸,并选择附件和连接件等

箱座壁厚 $\delta:\delta = 0.025a + \Delta \geqslant 8$

$$\delta = 0.025 \times 266 + 1 = 7.65 \text{mm}$$

取 $\delta = 8 \text{mm}$

箱盖壁厚 $\delta_1:\delta_1 = 0.02 \times a + \Delta \geqslant 8$

$$\delta_1 = 0.02 \times 266 + 1 = 6.32 \text{mm}$$

取 $\delta_1 = 8 \text{mm}$

箱体凸缘厚度 b、b_1、b_2:箱座 $b = 1.5\delta$ 箱盖 $b_1 = 1.5\delta_1$ 箱底座 $b_2 = 2.5\delta$;

箱座 $b = 1.5\delta = 1.5 \times 8 = 12 \text{mm}$;

箱盖 $b_1 = 1.5\delta_1 = 1.5 \times 8 = 12 \text{mm}$;

箱底座 $b_2 = 2.5\delta = 2.5 \times 8 = 20 \text{mm}$;

加强肋厚 m、m_1:箱座 $m = 0.85\delta$ 箱盖 $m_1 = 0.85\delta_1$;

箱座 $m = 0.85\delta = 0.85 \times 8 = 6.8 \approx 7 \text{mm}$;

箱盖 $m_1 = 0.85\delta_1 = 0.85 \times 8 = 6.8 \approx 7 \text{mm}$;

地脚螺钉直径 $d_f:d_f = 0.036 \times a + 12 = 0.036 \times 266 + 12 = 21.576 \text{mm} \approx 24 \text{mm}$;

地脚螺钉数目 n:因 $a = 266$ 在 $250 \sim 500$ 之间,所以 $n = 6$;

轴承旁联接螺栓直径 $d_1:d_1 = 0.75d_f = 0.75 \times 21.576 = 16.182 \text{mm} \approx 18 \text{mm}$;

箱盖、箱座联接螺栓直径 $d_2:d_2 = (0.5 - 0.6)d_f = 0.6 \times 21.576 = 12.9456 \text{mm} \approx 14 \text{mm}$;

轴承盖螺钉直径和数目 d_3、n:根据轴承的直径确定。(选择轴承后再计算);

轴承盖(轴承座端面)外径 D_2:根据轴承的直径确定。(选择轴承后再计算)。

观察孔盖螺钉直径 d_4:

$d_4 = (0.3 - 0.4)d_f = 0.4 \times 21.576 = 8.6304 \text{mm} \approx 10 \text{mm}$

d_f、d_1、d_2、至箱上壁距离;d_f、d_2 至凸缘边缘的距离 C_1、$C2$:

$$d_f \text{ 的 } C_{1min} = 34 \text{mm} \quad C_{2min} = 28 \text{mm}$$

$$d_1 \text{ 的 } C_{1min} = 24 \text{mm} \quad C_{2min} = 22 \text{mm}$$

$$d_2 \text{ 的 } C_{1min} = 20 \text{mm} \quad C_{2min} = 18 \text{mm}$$

轴承旁凸台高度和半径 h、R_1:h 由结构确定。$R_1 = C_2$;

箱体外壁至轴承座端面距离 l_1:$l_i = C_1 + C_2 + (5 - 10) = 24 + 22 + 10 = 56 \text{mm}$。

3. 附件:1)窥视孔及视孔盖　　由减速器的传动级别与中心距来确定。根据已知有单级圆柱齿轮减速器,中心距 266mm。窥视孔及视孔盖尺寸如表 2-4-6 中的红框部分。

表 2-4-6　窥视孔及视孔盖板的结构尺寸　　　　　　单位:mm

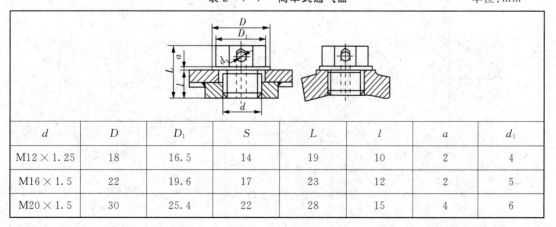

L_1	L_2	L_3	L_4	b_1	b_2	b_3	d 直径	d 孔数	δ	R	可用的减速器中心距
90	75	60	—	70	55	40	7	4	4	5	单级 $a \leqslant 150$
120	105	90	—	90	75	60	7	4	4	5	单级 $a \leqslant 250$
180	165	150	—	140	125	110	7	8	4	5	单级 $a \leqslant 350$
200	180	160	—	180	160	140	11	8	4	10	单级 $a \leqslant 450$
220	200	180	—	200	180	160	11	8	4	10	单级 $a \leqslant 500$
270	240	210	—	220	190	160	11	8	4	10	单级 $a \leqslant 700$
140	125	110	—	120	105	90	7	8	4	5	两级 $a\Sigma \leqslant 250$，三级 $a\Sigma \leqslant 350$
180	165	150	—	140	125	110	7	8	4	5	两级 $a\Sigma \leqslant 425$，三级 $a\Sigma \leqslant 500$
220	190	160	—	160	130	100	11	8	4	15	两级 $a\Sigma \leqslant 250$，三级 $a\Sigma \leqslant 350$
270	240	210	—	180	150	120	11	8	6	15	两级 $a\Sigma \leqslant 250$，三级 $a\Sigma \leqslant 350$
350	320	290	—	220	190	160	11	8	10	15	两级 $a\Sigma \leqslant 250$，三级 $a\Sigma \leqslant 350$
420	390	350	130	260	230	200	13	10	10	15	两级 $a\Sigma \leqslant 250$，三级 $a\Sigma \leqslant 350$
500	460	420	150	300	260	220	13	10	10	20	两级 $a\Sigma \leqslant 250$，三级 $a\Sigma \leqslant 350$

注:视孔盖材料为 Q235A。

2）通气器　　通气器的选择既要便于安装,同时还要与盖板的大小比例协调美观。通气器的螺纹直径大约是盖板 b_3 的四分之一。由上述可知,盖板 $b_3 = 110\,\mathrm{mm}$,通气器尺寸大小如表 2-4-7 中红框所示部分。

表 2-4-7　简单式通气器　　　　　　单位:mm

d	D	D_1	S	L	l	a	d_1
M12×1.25	18	16.5	14	19	10	2	4
M16×1.5	22	19.6	17	23	12	2	5
M20×1.5	30	25.4	22	28	15	4	6

（续表）

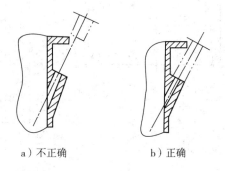

d	D	D_1	S	L	l	a	d_1
M22×1.5	32	25.4	22	29	15	4	7
M27×1.5	38	31.2	27	34	18	4	8
M30×2	42	36.9	32	36	18	4	9

注：(1) 表中 S 为螺母扳手开口宽度。

(2) 材料为 Q235。

3）油面指示器　　常用的油面指示器为油标尺。最低油面为传动件正常运转的油面，最高油面由传动件浸油的要求来决定。设计时应注意油标尺的安置高度和倾斜度，若太低或倾斜度太大，箱内油易溢出；若太高或倾斜度太小，油标难以拔出。插孔也难于加工。油标尺的倾斜位置如图 2-4-8 所示。

因普通减速器，选用杆式油标尺。根据箱体总体大小，由表 2-4-8 选择油标的结构尺寸，表中红框所示部分。

a）不正确　　　　b）正确

图 2-4-8　油标尺的倾斜位置

表 2-4-8　杆式油标的结构尺寸　　　　　　单位：mm

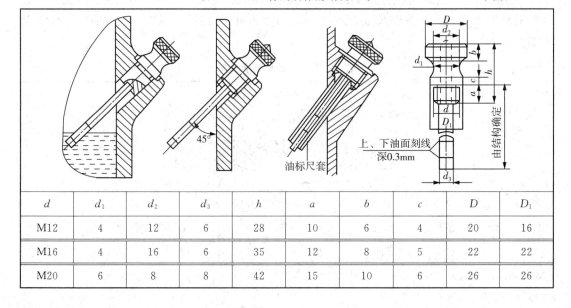

d	d_1	d_2	d_3	h	a	b	c	D	D_1
M12	4	12	6	28	10	6	4	20	16
M16	4	16	6	35	12	8	5	22	22
M20	6	8	8	42	15	10	6	26	26

4）油塞　单级圆柱齿轮减速器，中心距 266mm，由表 2-4-9 选择油塞等

表 2-4-9　外六角螺塞(摘自 JB/ZQ4450－2006)、封油垫圈　　　　单位:mm

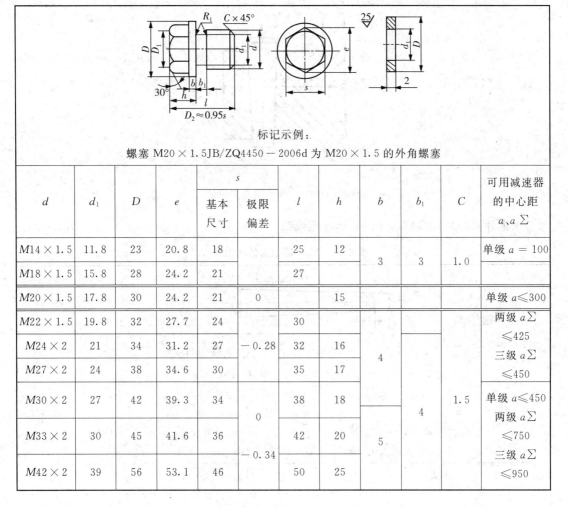

标记示例:

螺塞 M20×1.5JB/ZQ4450－2006d 为 M20×1.5 的外角螺塞

d	d_1	D	e	s 基本尺寸	s 极限偏差	l	h	b	b_1	C	可用减速器的中心距 a、$a\sum$
$M14\times1.5$	11.8	23	20.8	18		25	12	3	3	1.0	单级 $a=100$
$M18\times1.5$	15.8	28	24.2	21		27					
$M20\times1.5$	17.8	30	24.2	21	0		15				单级 $a\leqslant300$
$M22\times1.5$	19.8	32	27.7	24		30		4			两级 $a\sum$ $\leqslant425$
$M24\times2$	21	34	31.2	27	-0.28	32	16				三级 $a\sum$ $\leqslant450$
$M27\times2$	24	38	34.6	30		35	17		4	1.5	
$M30\times2$	27	42	39.3	34	0	38	18				单级 $a\leqslant450$ 两级 $a\sum$ $\leqslant750$
$M33\times2$	30	45	41.6	36		42	20	5			三级 $a\sum$ $\leqslant950$
$M42\times2$	39	56	53.1	46	-0.34	50	25				

　　为在换油时便于排放污油和清洗剂，应在箱座底部，油池的最低位置处开设放油孔，油孔结构与位置如图 2-4-9 所示。

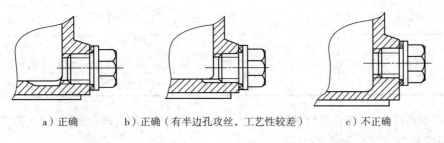

　　a）正确　　　b）正确（有半边孔攻丝，工艺性较差）　　　c）不正确

图 2-4-9　油孔结构及位置

5）定位销　　在箱盖与箱座的连接凸缘上配装圆锥定位销，如图 2-4-10 所示。由经

验公式可得定位销的直径。

$$d = (0.7 - 0.8)d_2 = 0.8 \times 12.9456 = 10.356$$

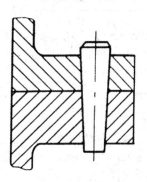

图 2 - 4 - 10　配装圆锥定位销

根据计算结果,由表 2 - 4 - 10 选择定位销。

表 2 - 4 - 10　圆锥销的结构尺寸　　　　　　　　单位:mm

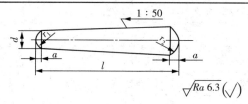

$$\sqrt{Ra\,6.3}\left(\sqrt{}\right)$$

A 型　$r_1 \approx d$

$$r_2 \approx a/2 + d + (0.021)^2/8a$$

标记示例:

公称直径 $d = 10\mathrm{mm}$、长度 $l = 60\mathrm{mm}$、材料 35 钢、热处理硬度(28—38)HRC、

表面氧化处理的 A 型圆柱销:销 GB/T 117 10×60

	公称	6	8	10	12	16
d	min	5.59	7.94	9.94	11.93	15.93
	max	6	8	10	12	16
$a \approx$		0.8	1	1.2	1.6	2
l		22—90	22—120	26—160	32—180	40—200
系列		4、26、28、30、32、35、40、45、50、55、60、65、70				

6) 起盖螺钉　　起盖螺钉的结构如图 2 - 4 - 11 所示,旋入起盖螺钉,将上箱盖顶起。起盖螺钉的直径与凸缘连接

螺栓直径 d_2 相同。

即:$d = d_2 = 14\mathrm{mm}$

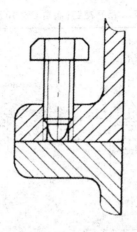

图 2-4-11　起盖螺钉

7）箱座吊耳及吊钩

由表 2-4-11 有箱座吊耳尺寸如下：

$$B = C_1 + C_2 = 20 + 18 = 38 \text{mm} \qquad H = 0.8B = 0.8 \times 38 = 30.4 \text{mm}$$

$$h = B/2 = 38/2 = 19 \text{mm} \qquad r_2 = 0.25B = 0.25 \times 38 = 9.5 \text{mm}$$

$$b = 2\delta = 2 \times 8 = 16 \text{mm}$$

表 2-4-11　吊耳及吊钩　　　　　　　　　　　　单位：mm

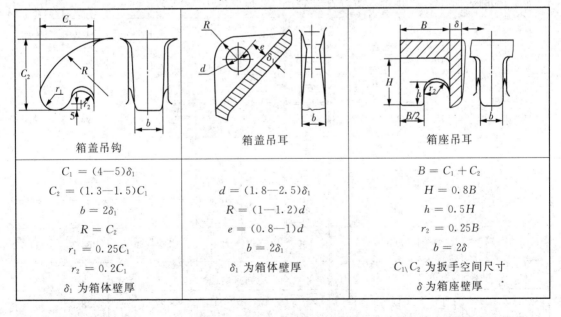

箱盖吊钩	箱盖吊耳	箱座吊耳
$C_1 = (4{-}5)\delta_1$ $C_2 = (1.3{-}1.5)C_1$ $b = 2\delta_1$ $R = C_2$ $r_1 = 0.25C_1$ $r_2 = 0.2C_1$ δ_1 为箱体壁厚	$d = (1.8{-}2.5)\delta_1$ $R = (1{-}1.2)d$ $e = (0.8{-}1)d$ $b = 2\delta_1$ δ_1 为箱体壁厚	$B = C_1 + C_2$ $H = 0.8B$ $h = 0.5H$ $r_2 = 0.25B$ $b = 2\delta$ C_1、C_2 为扳手空间尺寸 δ 为箱座壁厚

8）起吊装置　　起吊装置是根据减速器的传动级数和中心距大小来确定的。表 2-4-12 吊环螺钉的结构尺寸（摘自 GB/T 825—1988）。

一级圆柱齿轮减速器，中心距 $a = 266 \text{mm}$。软齿面，表 2-4-12 中红框部分为吊环螺钉的结构尺寸。

表 2 - 4 - 12   吊环螺钉(摘自 GB/T825—1988)   单位:mm

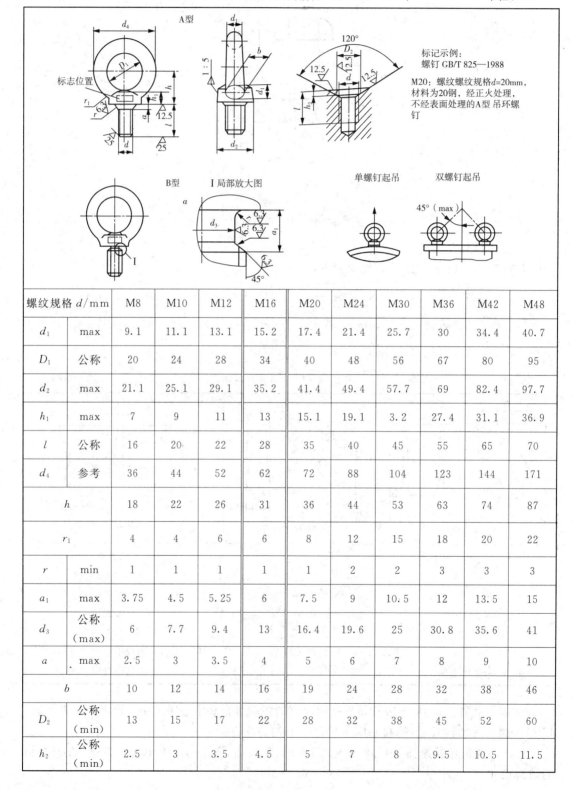

螺纹规格 d/mm		M8	M10	M12	M16	M20	M24	M30	M36	M42	M48
d_1	max	9.1	11.1	13.1	15.2	17.4	21.4	25.7	30	34.4	40.7
D_1	公称	20	24	28	34	40	48	56	67	80	95
d_2	max	21.1	25.1	29.1	35.2	41.4	49.4	57.7	69	82.4	97.7
h_1	max	7	9	11	13	15.1	19.1	3.2	27.4	31.1	36.9
l	公称	16	20	22	28	35	40	45	55	65	70
d_4	参考	36	44	52	62	72	88	104	123	144	171
h		18	22	26	31	36	44	53	63	74	87
r_1		4	4	6	6	8	12	15	18	20	22
r	min	1	1	1	1	1	2	2	3	3	3
a_1	max	3.75	4.5	5.25	6	7.5	9	10.5	12	13.5	15
d_3	公称 (max)	6	7.7	9.4	13	16.4	19.6	25	30.8	35.6	41
a	max	2.5	3	3.5	4	5	6	7	8	9	10
b		10	12	14	16	19	24	28	32	38	46
D_2	公称 (min)	13	15	17	22	28	32	38	45	52	60
h_2	公称 (min)	2.5	3	3.5	4.5	5	7	8	9.5	10.5	11.5

（续表）

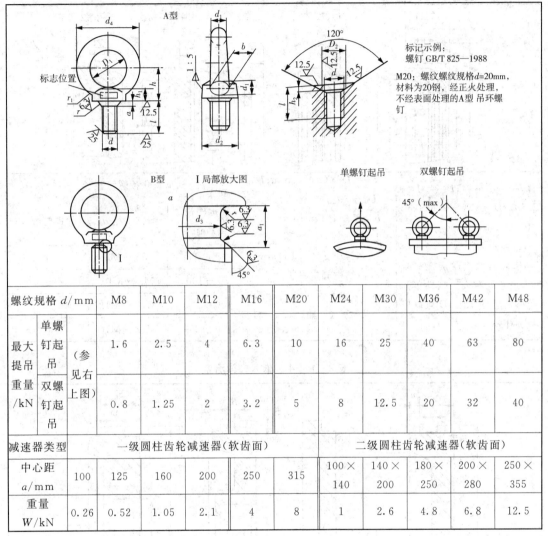

螺纹规格 d/mm		M8	M10	M12	M16	M20	M24	M30	M36	M42	M48
最大提吊重量/kN	单螺钉起吊	（参见右上图）	1.6	2.5	4	6.3	10	16	25	40	63	80
	双螺钉起吊		0.8	1.25	2	3.2	5	8	12.5	20	32	40
减速器类型		一级圆柱齿轮减速器（软齿面）						二级圆柱齿轮减速器（软齿面）				
中心距 a/mm		100	125	160	200	250	315	100×140	140×200	180×250	200×280	250×355
重量 W/kN		0.26	0.52	1.05	2.1	4	8	1	2.6	4.8	6.8	12.5

注：(1) 螺钉采用 20 钢或 25 号钢制造，螺纹公差为 8g。

(2) 表中 M8—M36 为商品规格。

(3) 最大起吊重量是指平稳起吊时的重量。

(4) 减速器重量 W 非 GB/T825—1988 内容，仅供参考。

9）轴承端盖

轴承端盖是固定轴承、承受轴向载荷、密封轴承座孔、调整轴系位置和轴承间隙等作用。其类型有凸缘式和嵌入式两种。凸缘式轴承端盖利用六角螺栓固定在箱体上，便于装拆和调整轴承，密封性较好。嵌入式轴承端盖不用螺钉联接，结构简单，但密封性差。

当同一转轴两端轴承型号不同时，可利用套杯结构使箱体上的轴承孔直径一致，以便一次镗出，加工方便，并保证了精度。也可用套杯固定轴承的轴向位置，使轴承的固定、装拆更为方便，还可用来调整支承的轴向位置。轴承端盖的结构尺寸见表 2-4-13 和表 2-4-14

轴承端盖的尺寸根据轴承确定后再行计算。

表 2-4-13　凸缘式轴承盖　　　　　　　　　　　　　　　　　单位:mm

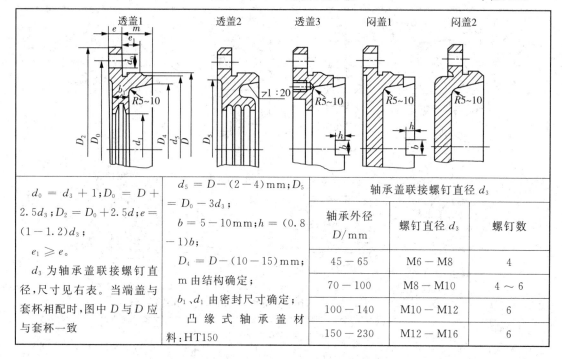

$d_0 = d_3 + 1; D_0 = D + 2.5d_3; D_2 = D_0 + 2.5d; e = (1-1.2)d_3;$　$e_1 \geqslant e$。 d_3 为轴承盖联接螺钉直径,尺寸见右表。当端盖与套杯相配时,图中 D 与 D 应与套杯一致	$d_5 = D-(2-4)\text{mm}; D_5 = D_0 - 3d_3;$ $b = 5-10\text{mm}; h = (0.8-1)b;$ $D_4 = D-(10-15)\text{mm};$ m 由结构确定; b_1、d_1 由密封尺寸确定; 凸缘式轴承盖材料:HT150	轴承盖联接螺钉直径 d_3		
		轴承外径 D/mm	螺钉直径 d_3	螺钉数
		45-65	M6-M8	4
		70-100	M8-M10	4~6
		100-140	M10-M12	6
		150-230	M12-M16	6

表 2-4-14　嵌入式轴承盖　　　　　　　　　　　　　　　　　单位:mm

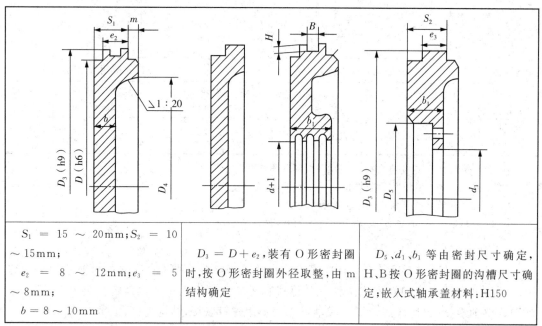

$S_1 = 15 \sim 20\text{mm}; S_2 = 10 \sim 15\text{mm};$ $e_2 = 8 \sim 12\text{mm}; e_3 = 5 \sim 8\text{mm};$ $b = 8 \sim 10\text{mm}$	$D_3 = D + e_2$,装有 O 形密封圈时,按 O 形密封圈外径取整,由 m 结构确定	D_5、d_1、b_1 等由密封尺寸确定,H、B 按 O 形密封圈的沟槽尺寸确定;嵌入式轴承盖材料:H150

2.4.4　学练任务

题目:已知带式传输机输送带的有效拉力为 $F_w =$ _____ N,输送带速度 $V_w =$

_____ m/s,滚筒直径 $D=$ _____ mm。两班制连续单向运转,载荷轻微变化,使用期限 15 年。输送带速度允差 ±5%。环境有轻度粉尘,结构尺寸无特殊限制,工作现场有三相交流电源,电压 380/220V。

设计内容:确定减速器的箱体结构型式、利用经验公式设计计算箱体的尺寸、选定箱体附件及相关连接件、定位件并绘制草图。

其单级圆柱齿轮减速器中的直齿圆柱齿轮的设计结果如下:$m=$

$Z_1=$ 　　　 $Z_2=$ 　　　 $a=$

解:1. 确定箱体的结构型式并选材

2. 确定箱体尺寸、附件、连接件

箱座壁厚 δ:

箱盖壁厚 δ_1:

箱体凸缘厚度 b、b_1、b_2:

加强肋厚 m、m_1:

地脚螺钉直径 d_f:

地脚螺钉数目 n:

轴承旁联接螺栓直径 d_1:

箱盖、箱座联接螺栓直径 d_2:

轴承盖螺钉直径和数目 d_3、n:

轴承盖(轴承座端面)外径 D_2:

观察孔盖螺钉直径 d_4:

d_f、d_1、d_2 至箱上壁距离;d_f、d_2 至凸缘边缘的距离 C_1、$C2$:

轴承旁凸台高度和半径 h、R_1:

箱体外壁至轴承座端面距离 l_1:

3. 附件:1) 窥视孔及视孔盖;

2) 通气器;

3) 油面指示器;

4) 油塞;

5) 定位销;

6) 起盖螺钉;

7) 箱座吊耳及吊钩;

8) 起吊装置;

9) 轴承端盖。

2.4.5　拓展任务

一、螺纹联接的类型及应用场合

1. 联接类型:如图 2-4-12 所示。

螺栓联接、双头螺柱联接、螺钉联接和紧定螺钉联接。

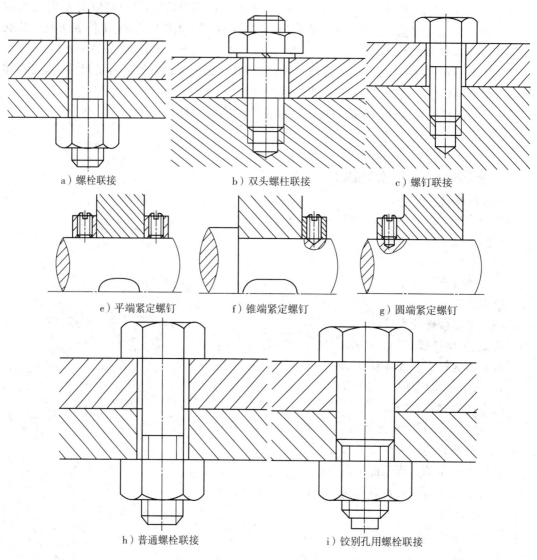

a）螺栓联接　　　　　b）双头螺柱联接　　　　　c）螺钉联接

e）平端紧定螺钉　　　　f）锥端紧定螺钉　　　　g）圆端紧定螺钉

h）普通螺栓联接　　　　　i）铰别孔用螺栓联接

图 2 - 4 - 12　螺纹联接的类型

2. 应用场合:

（1）普通螺栓联接、铰制孔用螺栓联接

被联接件都不切制螺纹,使用不受被联接件材料的限制,构造简单,装拆方便,成本低,应用最广,用于通孔,能从被联接件两边进行装配的场合。

铰制孔用螺栓联接,螺栓杆与孔之间紧密配合,有良好的承受横向载荷的能力和定位作用

（2）双头螺柱联接

当被联接件之一较厚时,采用双螺柱联接。双头螺柱的两端都有螺纹,其一端紧固地旋入被联接件之一的螺纹孔内,另一端与螺母旋合而将两被联接件联接用于不能用螺栓联接且又需经常拆卸的场合。

（3）螺钉联接

也用于被联接件之一较厚时的联接。不用螺母，而且能有光整的外露表面，应用与双头螺柱相似，但不宜用于经常拆卸的联接，以免损坏被联接件的螺纹孔。

（4）紧定螺钉联接

旋入被联接件之一的螺纹孔中，其末端顶住另一被联接件的表面或顶入相应的坑中，以固定两个零件的相互位置，并可传递不大的转矩。

二、螺纹的主要参数　　如图 2-4-13 为螺纹的主要几何参数图形。

1）外径 d（大径）(D)—— 与外螺纹牙顶相重合的假想圆柱面直径 —— 亦称公称直径。

2）内径（小径）$d_1$$(D_1)$—— 与外螺纹牙底相重合的假想圆柱面直径，在强度计算中作危险剖面的计算直径。

3）中径 d_2—— 在轴向剖面内牙厚与牙间宽相等处的假想圆柱面的直径，近似等于螺纹的平均直径 $d_2 \approx 0.5(d + d_1)$。

4）螺距 P—— 相邻两牙在中径圆柱面的母线上对应两点间的轴向距离。

5）导程（S）—— 同一螺旋线上相邻两牙在中径圆柱面的母线上的对应两点间的轴向距离。

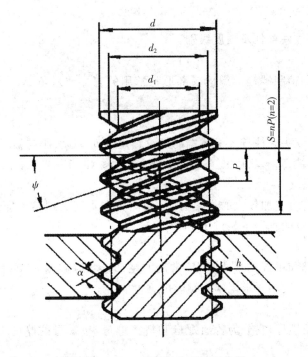

图 2-4-13　螺纹的主要几何参数

6）线数 n—— 螺纹螺旋线数目，一般为便于制造，$n \leqslant 4$。螺距、导程、线数之间关系：$L = nP$。

7）螺旋升角 ψ—— 在中径圆柱面上螺旋线的切线与垂直于螺旋线轴线的平面的夹角。

$$\psi = \mathrm{arctg}\, L/\pi d_2 = \mathrm{arctg}\, \frac{nP}{\pi d_2}$$

8) 牙型角 α —— 螺纹轴向平面内螺纹牙型两侧边的夹角。

9) 牙型斜角 β —— 螺纹牙型的侧边与螺纹轴线的垂直平面的夹角。对称牙型 $\beta = \dfrac{\alpha}{2}$

各种螺纹(除矩形螺纹)的主要几何尺寸可查阅有关标准 —— 公称尺寸为螺纹外径对管螺纹近似等于管子的内径。

左旋螺纹,右旋螺纹(常用),如图 2 - 4 - 14 所示。

旋向判定:顺着轴线方向看,可见侧左边高则为左旋,右边高则为右旋。

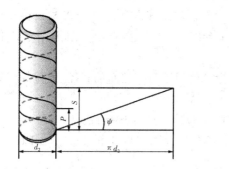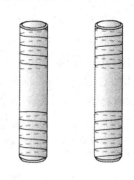

图 2 - 4 - 14　螺纹旋向

三、常用标准螺纹联接件及强度级别

1. 螺栓

分为普通螺栓和精制螺栓。螺栓头部形状常用的有标准六角头、小六角头、方头、内六角头等。

2. 双头螺柱

两端均有螺纹,双头螺柱拧入机体端的螺纹长度为 b_m,其大小与被联接件的材料有关。钢或青铜,$b_m = d$　铁,$b_m \approx (1.25 - 1.5)d$ 合金:$b_m \approx (1.5 - 2.5)d$。

3. 螺钉

内外六角头螺钉可施加较大的拧紧力矩,而圆头和十字头螺钉不能施加太大的拧紧力矩,一般选用此类螺钉的直径不超过 10mm。

4. 紧定螺钉

在结构上其头部和尾部的形式很多,常用的尾部形状有锥端、平端和圆柱端,根据不同的应用场合来选用,一般均要求尾端有足够的强度。

5. 螺母

最常用的是六角螺母,它分为普通螺母和精密螺母,按螺母的厚度不同分为标准螺母、薄螺母和厚螺母。

6. 垫圈

它被放置在螺母与被联接件支承面之间,起保护支承面和防松作用。常用的形式有平垫圈、弹簧垫圈等。

7. 螺纹紧固件的强度级别

例如,螺栓(螺钉、双头螺柱)的强度级别标记为4.6,表示抗拉强度极限 $\sigma_{Bmin} = 400\text{MPa}$,屈服极限 $\sigma_{Smin} = 240\text{MPa}$。螺母的强度级别标记为6,表示抗拉强度极限 $\sigma_{Bmin} = 600\text{MPa}$。

四、普通螺纹的标记

表 2 - 4 - 15　普通螺旋的标记

种类	特征代号	标记示例	螺旋副标记示例	附注
普通螺纹	粗牙	M	M16LH－6g－L *M*— 粗牙普通螺纹 16— 公称直径 *LH*— 左旋 6g— 中径和项径 　公差带代号 *L*— 长旋合长度	M20LH－6H/6g； 6H— 内螺纹公差带代号； 6g— 外螺纹公差带代号；	（1）粗牙普通螺纹不标螺距，而细牙则标注； （2）右旋不标旋向代号，左旋用 LH 表示； （3）有长旋合长度 L、中等旋合长度 N（不标）和短旋合长度 S 三种旋和长度； （4）公差带代号中，前者后者分别为中径、项径公差带代号，两者相同则只标一个； （5）螺纹副公差带代号中，前后分别为内、外螺纹公差带代号，中间用"/"隔开
	细牙		M16×1－6H7H *M*— 细牙普通螺纹 16— 公称直径 1— 螺距 6H— 中径公差带代号 7H— 项径公差带代号	M20×2LH－6H/5g6g； 6H— 内螺纹公差带代号； 5g6g— 外螺纹公差带代号	

标记实例：如图 2 - 4 - 15 所示，螺栓外螺纹和螺母内螺纹的标记示例。

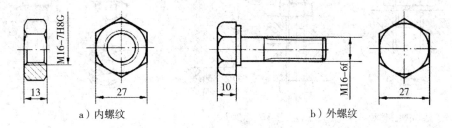

a）内螺纹　　　　　　　　　　b）外螺纹

图 2 - 4 - 15　普通螺纹的标记示例

标记示例解读如下：

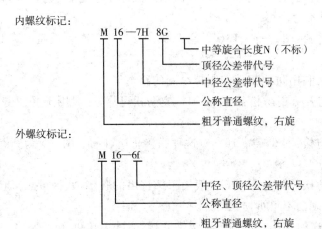

根据螺纹标准并计算出该螺纹的主要参数值。见表 2-4-16

表 2-4-16　螺纹的主要参数

主要参数	参数值	主要参数	参数值
牙型角 α	$\alpha = 60°$	螺距	$P = 2\text{mm}$
螺纹大径(公称直径)	$D = d = 16\text{mm}$	牙型高度	$h_1 = 1.0826\text{mm}$
螺纹小径	$D_1 = d_1 = 13.835\text{mm}$	螺纹升角	$\Phi = 2°28'46''$
螺纹中径	$D_2 = d_2 = 14.701\text{mm}$		

五、螺纹联接的预紧和防松

1. 螺纹联接的预紧

预紧的目的是增加联接刚度、紧密性和提高防松能力。

2. 螺纹联接的防松

(1) 利用摩擦力防松

① 弹簧垫圈防松:图 2-4-16(a),这种防松方法结构简单,使用方便,但垫圈弹力不均,因而防松也不十分可靠,一般多用于不太重要的联接。

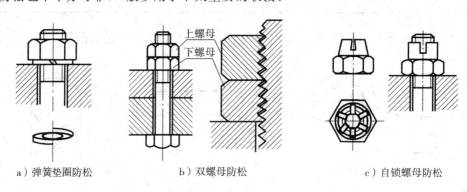

a) 弹簧垫圈防松　　b) 双螺母防松　　c) 自锁螺母防松

图 2-4-16　利用摩擦力防松

② 双螺母防松:图 2-4-16(b),这种防松方法用于平稳、低速和重载的联接。其缺点是在载荷剧烈变化时不十分可靠。

③ 自锁螺母防松:图 2-4-16(c),它简单、可靠,可多次装拆而不降低防松能力,一般用于重要场合。

(2) 机械防松:利用防松零件控制螺纹副的相对运动。

① 槽形螺母与开口销防松:图 2-4-17,它防松可靠,一般用于受冲击或载荷变化较大的联接。

② 止动垫圈防松:图 2-4-16(a),这种联接防松可靠。图(b)为圆螺母用止动垫圈,用于轴上螺纹的防松。

③ 串联钢丝防松:图 2-4-17 一般用于螺钉组的联接,联接可靠,但装拆不便。

(3) 破坏螺纹副的不可拆防松

图 2-4-20,这种方法一般用于永久性联接,方法简单可靠。

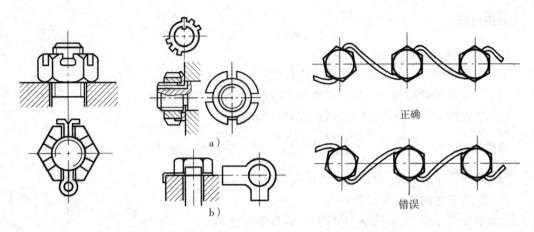

图 2-4-17　槽形螺母与　图 2-4-18　止动垫圈防松　图 2-4-19　串联钢丝防松
开口销防松

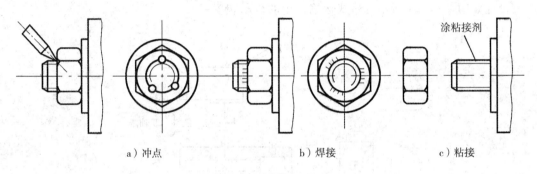

　a）冲点　　　　　　b）焊接　　　　　　c）粘接

图 2-4-18　不可拆防松

2.4.6　自测任务

（1）减速器箱体有哪些结构型式、各有何特点？

（2）铸造箱体和焊接箱体各有何特点、使用条件有何不同？

（3）减速器有哪些必要的附件装置，其作用是什么？

（4）减速器内部传动件常用的润滑方式有哪些？采用浸油润滑时，传动件的浸油深度如何确定？

（5）减速器滚动轴承的常用润滑方式有哪些？各适合于什么场合？

子项目 5　带式传输机中减速器输出轴的设计

能力目标：

（1）根据轴的基本设计理论与基本设计计算，能够对轴的类型进行选择、能够进行轴的结构设计和工作能力的设计计算。

（2）根据带式传输机的工作原理及给定的设计数据，能够设计带式传输机中减速器输出轴。

（3）能够绘制所设计轴的零件图。

知识目标：

(1) 了解轴的用途、类型及设计要求；
(2) 熟悉轴的常用材料及其主要力学性能；
(3) 掌握影响轴结构设计的主要因素，合理确定轴的结构和尺寸；
(4) 掌握轴的强度计算，能够进行轴的设计。

素质目标：

(1) 培养学生求知欲、合作能力及协调能力；
(2) 培养学生的观察和分析能力；
(3) 引导学生思考、启发学生提问、训练自学方法。

2.5.1 任务导入

设计如图 2-5-1 所示的带式运输机中的传动装置。

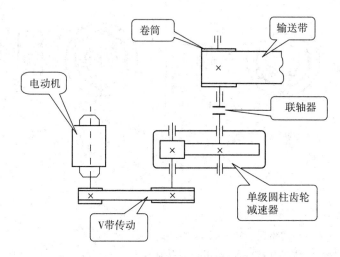

图 2-5-1 带式传输机传动系统

设计要求：两班制连续单向运转，载荷轻微变化，使用期限 15 年。输送带速度允差 ±5%。动力来源电动机，三相交流，电压 380/220V。

原始数据：

表 2-5-1 带式传输机的设计数据

数据编号	1	2	3	4	5	6	7	8	9	10
运输带工作拉力 F/N	1100	1150	1200	1250	1300	1350	1400	1450	1500	1600
运输带工作速度 v/(m/s)	1.5	1.6	1.7	1.5	1.55	1.6	1.55	1.6	1.7	1.8
卷筒直径 D/mm	250	260	270	240	250	260	250	260	280	300

设计内容：确定轴的结构和尺寸、轴的强度计算、绘制轴的零件工作图。为选择轴承和

设计绘制装配草图准备条件。

2.5.2　相关知识

一、轴的概述及材料

1. 轴的功用

轴是组成机器的重要零件之一。轴的主要功用是支承旋转零件(例如齿轮、蜗轮等)、传递运动和动力。

2. 轴的分类

按轴承受的载荷不同,可将轴分为心轴、转轴和传动轴三种。

(1)心轴工作时仅承受弯矩而不传递转矩,如自行车轴,如图2-5-2所示。

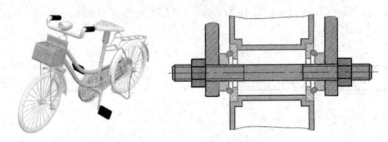

图2-5-2　自行车的前轮轴

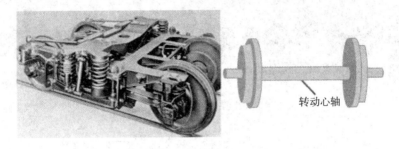

图2-5-3　铁路机车的轮轴

如图2-5-3所示铁路机车的轮轴为转动心轴

(2)转轴工作时既承受弯矩又承受转矩,如减速器中的轴,如图2-5-4所示。

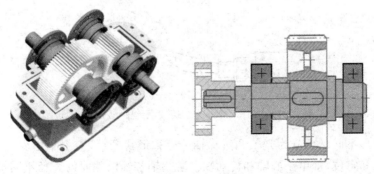

图2-5-4　减速器轴

（3）传动轴工作时主要承受转矩而不承受弯矩，如汽车中联接变速箱与后桥之间的轴（图 2-5-5）。

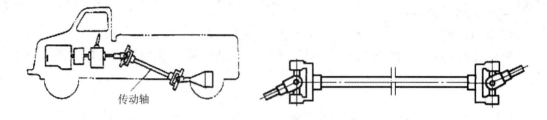

图 2-5-5　传动轴

根据轴线的形状的不同，轴又可分为直轴、曲轴和挠性钢丝轴（图 2-5-6、图 2-5-7、图 2-5-8、图 2-5-9）。

图 2-5-6　光轴　　　　　　　　　图 2-5-7　阶梯轴

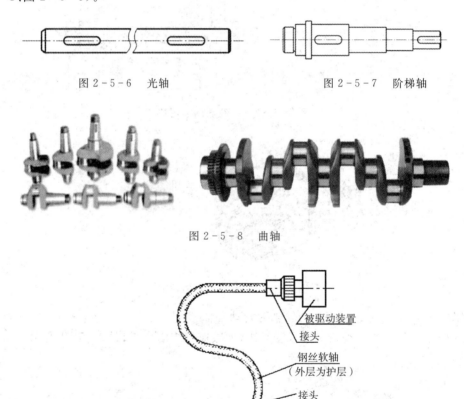

图 2-5-8　曲轴

图 2-5-9　挠性钢丝轴

直轴按外形不同又可分为光轴和阶梯轴。光轴形状简单，应力集中少，易加工，但轴上零件不易装配和定位，常用于心轴和传动轴。阶梯轴各轴段截面的直径不同，这种设计使各轴段的强度相近，而且便于轴上零件的装拆和固定，因此阶梯轴在机器中的应用最为广泛。

直轴一般都制成实心轴,但为了减少重量或为了满足有些机器结构上的需要,也可以采用空心轴。

曲轴和挠性钢丝轴属于专用零件。

3. 轴的常用材料及热处理

轴的材料主要是碳钢和合金钢。钢轴的毛坯多数用轧制圆钢和锻件。锻件的内部组织均匀,强度较好,重要的轴、大尺寸或阶梯尺寸变化较大的轴,应采用锻制毛坯。

对直径较小的轴,可直接用圆钢加工。

(1)碳钢工程中常用35、45、50等优质碳素钢,其中以45钢用得最为广泛。其价格低廉,对应力集中敏感性较小,可以通过调质或正火处理以保证其机械性能,通过表面淬火或低温回火以保证其耐磨性。对于轻载和不重要的轴也可采用Q235、Q275等普通碳素钢。

(2)合金钢常用于高温、高速、重载以及结构要求紧凑的轴,有较高的力学性能,但价格较贵,对应力集中敏感,所以在结构设计时必须尽量减少应力集中。

(3)球墨铸铁耐磨、价格低、吸振性好,对应力集中的敏感性较低,但可靠性较差,一般用于形状复杂的轴,如曲轴、凸轮轴等。

由于碳钢比合金钢价廉,对应力集中的敏感性较低,同时也可以用热处理的办法提高其耐磨性和抗疲劳强度,故轴采用碳钢制造最广泛,其中最常用的是45号钢。

不重要或低速轻载的轴以及一般传动的轴也可以使用Q235、Q275等普通碳钢制造。

合金钢比碳钢具有更高的力学性能和更好的淬火性能。因此,在传递大动力,并要求减小尺寸与质量,提高轴的耐磨性,以及处于高温条件下工作的轴,常采用合金钢。

高强度铸铁和球墨铸铁由于容易作成复杂的形状,而且价廉,吸振性和耐磨性好,对应力集中的敏感性较低,故常用于制造外形复杂的轴。

轴的常用材料及其主要力学性能见表2-5-2。

表2-5-2　轴的常用材料

材料牌号	热处理	毛坯直径 /mm	硬度 /HBS	抗拉强度极限 σ_b	屈服强度极限 σ_s	弯曲疲劳极限 σ_{-1}	剪切疲劳极限 τ_{-1}	许用弯曲应力 $[\sigma_{-1}]$	备注
				MPa					
Q215A	热轧或锻后空冷	≤100		400～450	225	170	105	40	用于不太重要或受载荷不大的轴
		>100～250		375～390	215				
45	正火	≤100	170～217	590	295	255	140	55	应用最广泛
	调质	>100～300	162～217	570	285	245	135		
		≤200	217～255	640	355	275	155	60	
40Cr	调质	≤100	241～286	735	540	355	200	70	用于载荷较大、冲击大的重要轴
		>100～300		685	490	335	185		

（续表）

材料牌号	热处理	毛坯直径/mm	硬度/HBS	抗拉强度极限 σ_b	屈服强度极限 σ_s	弯曲疲劳极限 σ_{-1}	剪切疲劳极限 τ_{-1}	许用弯曲应力 $[\sigma_{-1}]$	备注
				MPa					
40CrNi	调质	≤100	270～300	900	735	430	260	75	用于很重要的轴
		>100～300	240～270	785	570	370	210		
38 SiMnMo	调质	≤100	229～286	735	590	365	210	70	用于重要的轴，性能近于40CrNi
		>100～300	217～269	685	540	345	195		
38 CrMoAlA	调质	≤60	293～321	930	785	440	280	75	用于高耐磨、高强度且热处理变形很小的轴
		>60～100	277～302	835	685	410	270		
		>100～160	241～277	785	590	375	220		
20Cr	渗碳 淬火 回火	≤60	渗碳 56～62 HRC	640	390	305	160	60	用于强度和韧性要求均较高的轴
3Cr13	调质	≤100	≥241	835	635	395	230	75	用腐蚀条件下的轴
1Cr 18Ni9Ti	淬火	≤100	≤192	530	195	190	115	45	用于高、低温及腐蚀条件下的轴
		>100～200		490		180	110		
QT600－3			190～270	600	370	215	185		用于制造复杂外形的轴
QT800－2			245～335	800	480	290	250		

二、轴的结构设计

轴的结构设计主要取决于：轴在机器中的安装位置及形式，轴上零件的定位、固定以及联接方法，轴所承受的载荷，轴的加工工艺以及装配工艺要求等。由于影响轴的结构的因素较多，且其结构形式又要随着具体情况的不同而异，所以轴没有标准的结构形式。设计时，必须针对不同情况进行具体的分析。但是，不论何种具体条件，轴的结构都应满足：轴和装在轴上的零件要有准确的位置；轴上零件应便于装拆和调整；轴应具有良好的制造工艺性等。

对轴的结构进行设计主要是确定轴的结构形状和尺寸。一般在进行结构设计时的已知条件有：机器的装配简图，轴的转速，传递的功率，轴上零件的主要参数和尺寸等。

1. 轴的结构及各部分名称

如图 2-5-10 所示为阶梯轴的常见结构，轴上与轴承配合的部分称为轴颈，与轮毂配合的部分称为轴头，联接轴颈和轴头的非配合部分统称为轴身，直径大且呈环状的短轴段称为轴环,截面尺寸变化的台阶处称为轴肩。

此外,还有轴肩的过渡圆角、轴端的倒角、与键联接处的键槽等结构。

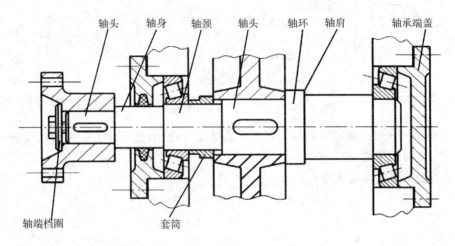

图 2 - 5 - 10　轴的结构

2. 轴的结构设计中重点解决的问题

(1) 拟定轴上零件的装配方案

例圆锥－圆柱齿轮减速器输出轴。

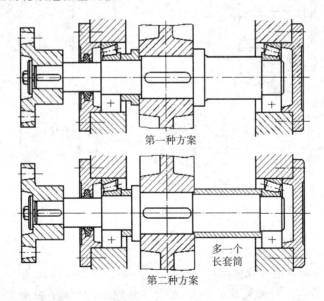

(2) 轴上零件的轴向定位、固定和周向固定

为了保证轴上零件靠紧定位面,轴肩处的圆角半径 r 必须小于零件内孔的圆角 R 或倒角 C;轴肩和轴环高度 h 应比 R 或 C 稍大,通常可取 $h=(0.07\sim0.1)d$,$r=(0.67\sim0.75)h$;流动轴承所用轴肩的高度应根据设计手册中轴承安装直径尺寸来确定。轴环宽度一般可取 $b\approx1.4h$,如图 2 - 5 - 11 所示。

轴上零件的轴向固定就是不允许轴上零件沿轴向窜动。

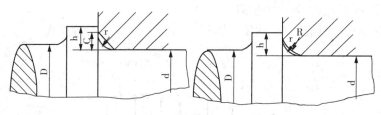

r应小于零件上的外圆角半径R或倒角C

图 2-5-11　轴肩和轴环的定位

如图2-5-10所示,齿轮靠两侧的轴环和套筒固定,左侧轴承靠套筒和轴承端盖固定,右侧轴承靠轴肩和轴承端盖固定。

常用的轴向固定措施还有:

轴的一端可采用轴端挡圈,如图 2-5-12(a) 所示;

套筒过长可采用圆螺母,如图 2-5-12(b) 所示;

受载较小时可采用弹性挡圈(如图 2-5-12(c) 所示)、紧定螺钉(如图 2-5-12(d) 所示)和销钉等固定。

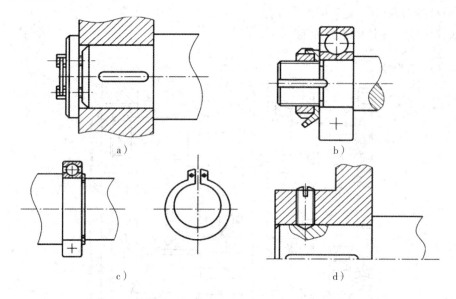

图 2-5-12　轴向定位

（3）轴上零件的周向定位及固定

为了满足机器传递运动和转矩的要求,轴上零件除了需要轴向定位外,还必须有可靠的周向定位。周向定位的目的是限制轴上零件与轴发生相对转动。常用的周向定位零件有键、花键、销、紧定螺钉以及过盈配合等,其中紧定螺钉只用在传力不大之处。

常用的周向定位及固定方法有键、花键、销、过盈配合及紧定螺钉(图2-5-13)等。在图2-5-10中,齿轮与轴之间的周向固定采用了平键联接。

转矩较大时可采用花键联接,也可同时采用平键联接和过盈配合联接来实现周向固定。转矩较小时,可采用紧定螺钉、销钉联接等。

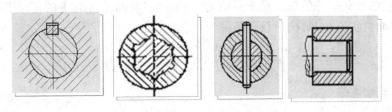

图 2-5-13　周向定位

（4）轴的结构工艺性

轴的结构应便于加工与装配。形状力求简单，阶梯轴的级数尽可能少，而且各段直径不易相差太大。

轴上需磨削的轴段应设计出砂轮越程槽，需车制螺纹的轴段应有退刀槽。

轴上各圆角、倒角、砂轮越程槽及退刀槽等尺寸尽可能统一，同一轴上的各个键槽应开在同一母线位置上（参见图 2-5-10）。

为便于装配，轴端应有倒角。轴肩高度不能妨碍零件的拆卸。

对于阶梯轴一般设计成两端小中间大的形状，以便于零件从两端装拆。

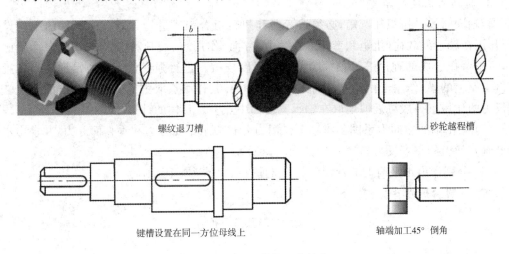

螺纹退刀槽　　　　　　　　　　　　　　砂轮越程槽

键槽设置在同一方位母线上　　　　　　　轴端加工45°倒角

图 2-5-14　轴的工艺结构

（5）标准尺寸要求

轴上的零件多数都是标准零件，如滚动轴承、联轴器、圆螺母等，因此与标准零件配合处的轴段尺寸必须符合标准零件的标准尺寸系列。

（6）提高轴的疲劳强度

加大轴肩处的过渡圆角半径和减小轴肩高度，就可以减少应力集中，从而提高轴的疲劳强度。提高轴的表面质量、合理分布载荷等也可以提高轴的疲劳强度。

三、强度理论及组合变形的强度计算

1.传动轴的强度计算

传动轴只承受扭矩，直接按扭转进行强度计算。而对于转轴，在开始设计轴时，通常还不知道轴上零件的位置及支点位置，弯矩值不能确定，因此，一般在进行轴的结构设计前先按纯扭转对轴的直径进行估算。对于圆截面的实心轴,设轴在转矩 T 的作用下,产生剪应力 τ。对于圆截面的实心轴,其抗扭强度条件为

$$\tau = \frac{T}{W_T} = \frac{9.55 \times 10^6 P}{0.2 d^3 n} \leqslant [\tau]$$

$$d \geqslant \sqrt[3]{\frac{9.55 \times 10^6 P}{0.2 [\tau] n}} = C \sqrt[3]{\frac{P}{n}}$$

由上式求出的直径值,需圆整成标准直径,并作为轴的最小直径。如轴上有一个键槽,可将值增大 3%—5%,如有两个键槽可增大 7%—10%。

表 2 - 5 - 3

轴的材料	Q235A,20	35	45	40Cr,35SiMn
$[\tau]$/MPa	$12 \sim 20$	$20 \sim 30$	$30 \sim 40$	$40 \sim 52$
C	$160 \sim 135$	$135 \sim 118$	$118 \sim 107$	$107 \sim 98$

2. 转轴的强度计算

转轴同时承受扭矩和弯矩,必须按弯曲和扭转组合强度进行计算。完成轴的结构设计后,作用在轴上外载荷(扭矩和弯矩)的大小、方向、作用点、载荷种类及支点反力等就已确定,可按弯扭合成的理论进行轴危险截面的强度校核。进行强度计算时通常把轴当作置于铰链支座上的梁,作用于轴上零件的力作为集中力,其作用点取为零件轮毂宽度的中点。支点反力的作用点一般可近似地取在轴承宽度的中点上。具体的计算步骤如下:

(1)画出轴的空间力系图。将轴上作用力分解为水平面分力和垂直面分力,并求出水平面和垂直面上的支点反力。

(2)分别作出水平面上的弯矩(M_H)和垂直面上的弯矩图(M_v)。

(3)计算合成弯矩。

$$M = \sqrt{M_H^2 + M_v^2}$$

(4)作出转矩图 T。

(5)计算当量弯矩,绘出当量弯矩图

$$M = \sqrt{M_H^2 + M_v^2}$$

$$M_0 = \sqrt{M^2 + (\alpha T)^2}$$

$$\sigma_0 = \frac{M_0}{W} = \frac{\sqrt{M^2 + (\alpha T)^2}}{0.1 d^3} \leqslant [\sigma_{-1b}]$$

式中 W 是圆轴的抗弯截面系数 $\approx 0.1 d^3$;α 是根据扭矩性质的不同而引入的修正系数。当扭矩为脉动循环时,$\alpha = [\sigma_{-1b}]/[\sigma_{0b}] \approx 0.6$;当扭矩平稳不变时,$\alpha = [\sigma_{-1b}]/[\sigma_{+1b}] \approx 0.3$;当扭矩为对称循环时,$\alpha = 1$。其中 $[\sigma_{-1b}]$、$[\sigma_{0b}]$、$[\sigma_{+1b}]$ 分别为对称循环、脉动循环及静应力状态下的许用弯曲应力,其值见表 2 - 5 - 4。

表 2-5-4

材料	σ_s	$[\sigma_{+1b}]$	$[\sigma_{0b}]$	$[\sigma_{-1b}]$
碳素钢	400	130	70	40
	500	170	75	45
	600	200	95	55
	700	230	110	65
合金钢	800	270	130	75
	900	300	140	80
	1000	330	150	90
铸钢	400	100	50	30
	500	120	70	40

（6）校核危险截面的强度。根据当量弯矩图找出危险截面,进行轴的强度校核,公式如上。

四、轴的使用与维护

（1）安装时,要严格按照轴上零件的先后顺序进行,注意保证安装精度。对于过盈配合的轴段要采用专门工具进行装配,以免破坏其表面质量。

（2）安装结束后,要严格检查轴在机器中的位置以及轴上零件的位置,并将其调整到最佳工作位置,同时轴承的游隙也要按工作要求进行调整。

（3）在工作中,必须严格按照操作规程进行,尽量使轴避免承受过量载荷和冲击载荷,并保证润滑,从而保证轴的疲劳强度。

（4）认真检查轴和轴上零件的完好程度,若发现问题应及时维修或更换。轴的维修部位主要是轴颈及轴端。

对精度要求较高的轴,在磨损量较小时,可采用电镀法或热喷涂（或喷焊）法进行修复。

轴上花键、键槽损伤,可以用气焊或堆焊修复,然后再铣出花键或键槽。也可将原键槽焊补后再铣制新键槽。

（5）认真检查轴以及轴上主要传动零件工作位置的准确性、轴承的游隙变化并及时调整。

（6）轴上的传动零件（如齿轮、链轮等）和轴承必须保证良好的润滑。应当根据季节和工作地点,按规定选用润滑剂并定期加注。要对润滑油及时检查和补充,必要时更换。

五、轴的设计

轴的设计步骤可归纳为如图 2-5-15 所示的转轴设计程序框图,其他类型轴的设计步骤与此类似,其中结构设计与验算工作能力往往需交叉进行。

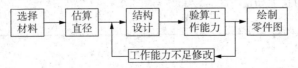

图 2-5-15　转轴设计程序框图

设计轴的一般步骤为：

（1）选材

（2）按扭转强度估算轴的最小直径

（3）设计轴的结构，绘出轴的结构草图（确定轴上零件的位置和固定方法；确定各轴段直径、长度。）

（4）按弯扭合成进行轴的强度校核。一般选 2～3 个危险截面进行校核。若危险截面强度不够或强度裕度太大，则必须重新修改轴的结构。

2.5.3 示范任务

例：如图 2-5-16 示为一电动机通过一级直齿圆柱齿轮减速器带动链传动的简图。已知电动机功率为 $P = 30KW$，转速 $n = 970r/min$，减速器效率为 0.92，传动比 $i = 4$，单向传动，从动齿轮分度圆直径 $d_2 = 410mm$，轮毂长度 $B_2 = 105mm$，采用深沟球轴承。试设计从动齿轮轴的结构和尺寸。

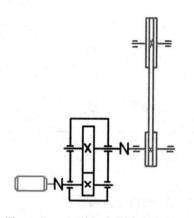

图 2-5-16　单级齿轮减速器简图

设计步骤与计算	说　明
1. 求输出轴 2 的转速与输出功率及转矩 $n_2 = n_1/i = 970/4 = 242.5(r/min)$ $P_2 = 0.92 \times P_1 = 0.92 \times 30 = 27.6(KW)$ $T_2 = 9.5510^6 P_2/n_2 = 9.5510^6 27.6/242.5 = 1.087 \times 10^6(N \cdot mm)$	（1）减速器中，主动轴为 1 轴，从动轴为 2 轴； （2）减速器主动轴通过联轴器与电动机连接，$n = n_1$；
2. 求作用在齿轮上的力 齿轮圆周力 $F_t = 2T_2/d_2 = 2 \times 1.087 \times 10^6/410 = 5302(N)$ 齿轮径向力 $F_r = F_t \tan\alpha = 5302 \tan 20° = 1930(N)$ 齿轮轴向力 $F_a = 0$	因是直齿圆柱齿轮，齿轮轴向力 $F_a = 0$；
3. 选择轴的材料和热处理方法 轴采用 45 钢正火处理。查表 $\sigma_b = 600MPa$，$[\sigma_{-1b}] = 55MPa$，C 取 110。	查表 2-5-3、2-5-4；
4. 估算轴的最小直径 $C = 110$ $d \geqslant \sqrt[3]{\dfrac{9.55 \times 10^6 P}{0.2[\tau]n}} = C\sqrt[3]{\dfrac{P}{n}} = 110\sqrt[3]{\dfrac{27.6}{242.5}} = 53.5mm$ 考虑到键槽对轴的削弱，$d = 53.3 \times 1.05 = 55.9mm$，查表 $d = 60mm$。	对于圆截面的实心轴，根据其抗扭强度条件计算；

（续表）

设计步骤与计算	说　明
5. 轴的结构设计 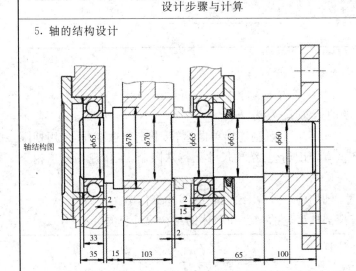 轴结构图	（1）根据轴上安装的零件尺寸、轴承、轴向定位件设计轴的结构； （2）根据计算的轴的最小直径、轴上安装的标准零件、轴向定位和径向定位件及结构设计轴的尺寸；
6. 按弯、扭组合作用验算轴的强度 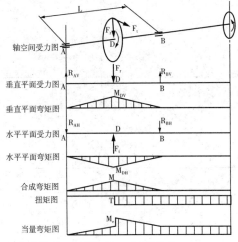 水平面上支座反力 $R_{AH} = F_t/2 = 2651(\text{N})$ 垂直面上支座反力 $R_{AV} = F_r/2 = 965(\text{N})$（因齿轮在两轴承间对称分布） 　垂直面上弯矩 $M_{DV} = R_{AV}(\text{N})l_{AB}(\text{m})/2 = 965[(33/2 + 2 + 105/2)/1000] = 68.52(\text{N}\cdot\text{m})$ 　水平面上弯矩 $M_{DH} = R_{AH}l_{AB}/2 = 2651[(33/2+2+105/2)/1000] = 188.22(\text{N}\cdot\text{m})$ 　合成弯矩： $$= 200.30(\text{N}\cdot\text{m})$$ 　当量弯矩： $$= 1105.30(\text{N}\cdot\text{m})$$ $$32.22(\text{MPa})[\sigma_{-1b}] = 55\text{MPa}$$ 计算结果表明：输出轴 2 的强度足够。	（1）因是转轴，按弯曲和扭转组合强度进行计算。齿轮位置 D 在轴 A、B 间中心位置； （2）绘制轴的空间受力图、平面受力图、平面弯矩图、合成弯矩图、扭矩图、当量弯矩图，最大弯矩在 D 截面处； （3）计算合成弯矩值，保证 σ_0 $$= \frac{M_0}{W} = \frac{\sqrt{M^2 + (\alpha T)^2}}{0.1d^3} \leqslant$$ $[\sigma_{-1b}]55\text{MPa}$，若不满足，则调整轴的直径尺寸； 　当扭矩对称循环时，$\alpha = [\sigma_{-1b}]/[\sigma_{+1b}] = 1$； 　圆轴的抗弯截面系数 $W \approx 0.1d^3$

（续表）

设计步骤与计算	说　明
7. 绘制轴的工作图（略）	

2.5.4　学练任务

题目：已知带式传输机输送带的有效拉力为 $F_w =$ _____ N，输送带速度 $V_w =$ _____ m/s，滚筒直径 $D =$ _____ mm。两班制连续单向运转，载荷轻微变化，使用期限 15 年。输送带速度允差 $\pm 5\%$。环境有轻度粉尘，结构尺寸无特殊限制，工作现场有三相交流电源，电压 380/220V。

设计内容：确定轴的结构和尺寸、轴的强度计算、绘制轴的零件工作图。

其单级圆柱齿轮减速器中的直齿圆柱齿轮的参数和箱体的结构尺寸已知。

设计步骤与计算	说　明
1. 求出轴的转速与输出功率（转速与功率子项目 1 中已计算了，在计算结果的表中可以查得）	
2. 求作用在齿轮上的力	
3. 选择轴的材料和热处理方法	
4. 估算轴的最小直径	
5. 轴的结构设计	

（续表）

设计步骤与计算	说　明
6. 按弯、扭组合作用验算轴的强度	
7. 绘制轴的工作图	

2.5.5　拓展任务

一、轴毂连接

常见类型：平键连接、花键连接、过盈配合连接、销连接。

1. 平键连接

（1）普通平键

A 型　　　　　　　　B 型　　　　　　　　C 型

图 2-5-17　普通平键

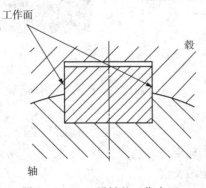

图 2-5-18　平键的工作表面

（2）半圆键

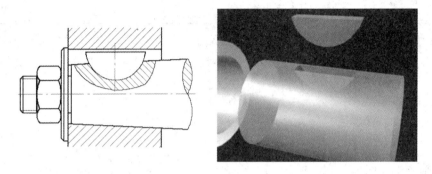

图 2-5-19　半圆键

特点：键能在轴槽中绕槽底圆弧曲率中心摆动，工艺性好，装配方便。但键槽较深，对轴的削弱较大。

（3）楔键

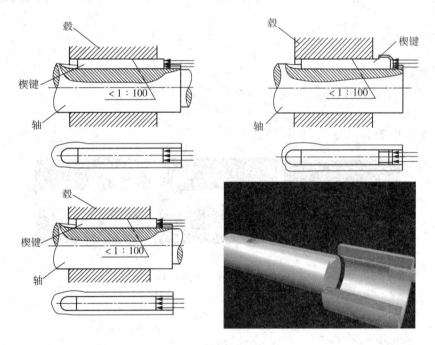

图 2-5-20　楔键

特点：可轴向固定零件，传递单向轴向力；但轴上零件与轴的配合会产生偏心与偏斜。

（4）平键连接的强度校核计算

设计步骤：① 根据工作条件和使用要求选定键的类型；

② 根据轴的直径查标准确定键的横截面尺寸；

③ 根据轮毂长度确定键的长度；

④ 在确定了结构和尺寸之后还需校核连接的强度。

（5）平键连接的受力和失效形式

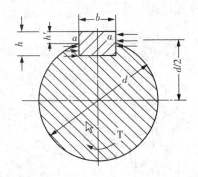

图 2-5-21　平键受力图

（6）平键连接的强度校核

挤压强度（静连接）：$\sigma_p = \dfrac{2T}{d_1 K} \leqslant [\sigma]_p$

耐磨性计算（动连接）：$p = \dfrac{2T}{d_1 K} \leqslant [p]$

2. 花键连接的类型和特点

（1）结构、类型、特点

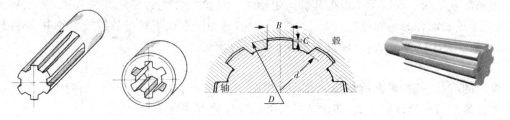

图 2-5-22　矩形花键

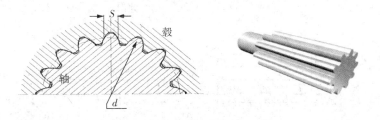

图 2-5-23　渐开线花键

（2）花键连接的强度校核计算

挤压强度（静连接）：$\sigma_p = \dfrac{2T}{\psi z h l d_m} \leqslant [\sigma]_p$

耐磨性计算（动连接）：$p = \dfrac{2T}{\psi z h l d_m} \leqslant [p]$

3. 过盈连接

(1) 过盈连接的组成、特点和应用

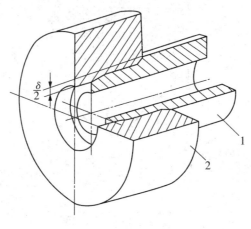

图 2-5-24　过盈连接

(2) 过盈连接的装配

过盈配合件是依靠相配件装配以后的过盈量达到紧固联接。装配后,由于材料的弹性变形,使配合面之间产生压力,因此在工作时配合面间具有相当的联擦力来传递扭短或轴向力。过盈配合装配一般属于不可拆卸的固定连接。过盈配合件的装配方法有:① 人工锤击法:适用于过渡配合的小件装配,② 压力机压入法:适用于常温下对过盈量较小的中、小件装配;③) 冷装法,(4) 热装法:适用过盈量较大零件的装配。

4. 销连接

常用的有圆柱销、圆锥销和开口销等。用圆柱销和圆锥销连接或定位的两个零件上的销孔是在装配时一起铰加工的,多次装拆会降低定位精度和连接的紧固性。

(1) 圆柱销

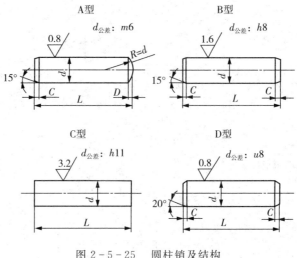

图 2-5-25　圆柱销及结构

（2）圆锥销

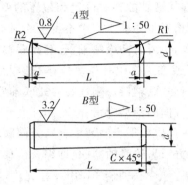

图 2-5-26　圆锥销及结构

（3）开口销

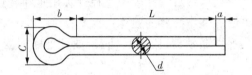

图 2-5-27　开口销及结构

（4）销及其连接

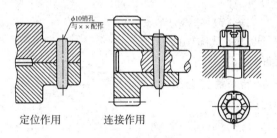

定位作用　　　　连接作用

图 2-5-28　销连接

二、联轴器

用来联接不同机构中的两根轴（主动轴和从动轴）使之共同旋转以传递扭矩的机械零件。在高速重载的动力传动中，有些联轴器还有缓冲、减振和提高轴系动态性能的作用。联轴器由两半部分组成，分别与主动轴和从动轴联接。一般动力机大都借助于联轴器与工作机相联接。

图 2-5-29　联轴器

1. 分类

联轴器种类繁多,按照被连接两轴的相对位置和位置的变动情况,可以分为:① 固定式联轴器。主要用于两轴要求严格对中并在工作中不发生相对位移的地方,结构一般较简单,容易制造,且两轴瞬时转速相同,主要有凸缘联轴器、套筒联轴器、夹壳联轴器等。② 可移式联轴器。主要用于两轴有偏斜或在工作中有相对位移的地方,根据补偿位移的方法又可分为刚性可移式联轴器和弹性可移式联轴器。刚性可移式联轴器利用联轴器工作零件间构成的动连接具有某一方向或几个方向的活动度来补偿,如牙嵌联轴器(允许轴向位移)、十字沟槽联轴器(用来联接平行位移或角位移很小的两根轴)、万向联轴器(用于两轴有较大偏斜角或在工作中有较大角位移的地方)、齿轮联轴器(允许综合位移)、链条联轴器(允许有径向位移)等,弹性可移式联轴器(简称弹性联轴器)利用弹性元件的弹性变形来补偿两轴的偏斜和位移,同时弹性元件也具有缓冲和减振性能,如蛇形弹簧联轴器、径向多层板簧联轴器、弹性圈栓销联轴器、尼龙栓销联轴器、橡胶套筒联轴器等。联轴器有些已经标准化。选择时先应根据工作要求选定合适的类型,然后按照轴的直径计算扭矩和转速,再从有关手册中查出适用的型号,最后对某些关键零件作必要的验算。

常用的精密联轴器有:弹性联轴器,膜片联轴器,波纹管联轴器,滑块联轴器,梅花联轴器,刚性联轴器。

2. 特点

(1) 弹性联轴器

① 一体成型的金属弹性体;

② 零回转间隙、可同步运转;

③ 弹性作用补偿径向、角向和轴向偏差;

④ 高扭矩刚性和卓越的灵敏度;

⑤ 顺时针和逆时针回转特性完全相同;

⑥ 免维护、抗油和耐腐蚀性;

⑦ 有铝合金和不锈钢材料供选择;

⑧ 固定方式主要有顶丝和夹紧两种。

(2) 膜片联轴器

① 高刚性、高转矩、低惯性;

② 采用环形或方形弹性不锈钢片变形;

③ 大扭矩承载,高扭矩刚性和卓越的灵敏度;

④ 零回转间隙、顺时针和逆时针回转特性相同;

⑤ 免维护、超强抗油和耐腐蚀性;

⑥ 双不锈钢膜片可补偿径向、角向、轴向偏差,单膜片则不能补偿径向偏差。

(3) 波纹管联轴器

① 无齿隙、扭向刚性、连接可靠、耐腐蚀性、耐高温;

② 免维护、超强抗油,波纹管形结构补偿径向、角向和轴向偏差,偏差存在的情况下也可保持等速作动;

③ 顺时针和逆进针回转特性完全相同;

④ 波纹管材质有磷青铜和不锈钢供选择;

⑤ 可适合用于精度和稳定性要求较高的系统。

(4) 滑块联轴器

① 无齿隙的连接,用于小扭矩的测量传动结构简单;

② 使用方便、容易安装、节省时间、尺寸范围广、转动惯量小,便于目测检查;

③ 抗油腐蚀,可电气绝缘,可供不同材料的滑块弹性体选择;

④ 轴套和中间件之间的滑动能容许大径向和角向偏差,中间件的特殊凸点设计产生支撑的作用,容许较大的角度偏差,不产生弯曲力矩,侃轴心负荷降至最低。

(5) 梅花联轴器

① 紧凑型、无齿隙,提供三种不同硬度弹性体;

② 可吸收振动,补偿径向和角向偏差;

③ 结构简单、方便维修、便于检查;

④ 免维护、抗油及电气绝缘、工作温度 20℃ ~ 60℃;

⑤ 梅花弹性体有四瓣、六瓣、八瓣和十瓣;

⑥ 固定方式有顶丝,夹紧,键槽固定。

(6) 刚性联轴器

① 重量轻,超低惯性和高灵敏度;

② 免维护,超强抗油和耐腐蚀性;

③ 无法容许偏心,使用时应让轴尽量外露;

④ 主体材质可选铝合金 / 不锈钢;

⑤ 固定方式有夹紧、顶丝固定。

3. 联轴器主要用途

弹性联轴器:适用于旋转编码器、步进电机;

膜片联轴器:适用于伺服电机、步进电机;

波纹管联轴器:适用于伺服电机;

滑块联轴器:适用于普通微型电机;

梅花联轴器:适用于伺服电机、步进电机;

刚性联轴器:适用于伺服电机、步进电机。

4. 联轴器的选择

(1) 联轴器类型的选择

因素	工况	选择类型
载荷情况	载荷平稳、变化不大	刚性联轴器
	有冲击振动	有弹性元件的挠性联轴器
速度情况 (工件转速不能大于许用值)	低速	刚性联轴器
	高速	挠性联轴器

(续表)

因素	工况	选择类型
两轴对中情况	对中性好	刚性联轴器
	需补偿	挠性联轴器
环境情况	低温(低于－20)或高温(高于50)下工作	不可选用具有橡胶或尼龙等材料作为弹性元件的联轴器

（2）联轴器型号尺寸的选择

标准件可根据被联接轴的直径、转速及计算转矩等参数从有关标准中选择合适的型号尺寸；非标准件应根据计算转矩通过计算或类比法确定其结构尺寸。

对于重要的连接，还需要对关键零件进行强度校核。

2.5.6 自测任务

1. 轴上零件的轴向定位方法有哪些？

2. 自行车的前轴是。

① 心轴；② 转轴；③ 传动轴；④ 光轴

3. 若不改变轴的结构和尺寸，仅将轴的材料由碳素钢改为合金钢，轴的刚度。

① 不变；② 降低了；③ 增加了；④ 不定

4. 轴的强度计算公式中 α 的含意是什么？其大小如何确定？

5. 当旋转轴上作用恒定的径向载荷时，轴上某定点所受的弯曲应力是对称循环应力、脉动循环应力还是恒应力？为什么？

6. 按许用应力验算轴时，危险剖面取在哪些剖面上？为什么？

7. 轴的刚度计算内容包括哪些？

8. 什么叫刚性轴？什么叫挠性轴？

9. 由电机直接驱动的离心水泵，功率 3kW，轴转速为 960r/min，轴材料为 45 钢，试按强度要求计算轴所需的直径。

10. 如下图所示为某减速器输出轴的结构图，试指出其设计错误，并画出其改正图。

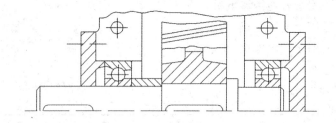

子项目6　带式传输机中齿轮减速器内的轴承选用

能力目标：

（1）能根据带式传输机减速器结构及给定的设计数据，确定滚动轴承的类型，并进行滚动轴承寿命计算；

（2）具有选择滚动轴承的设计计算能力，能够选用带式传输机中齿轮减速器内的轴承。

知识目标：

（1）了解轴承的分类；滚动轴承的类型、结构、特点、代号及应用，掌握带式传输机中齿轮减速器内的轴承常用类型、特点。

（2）掌握滚动轴承的组合设计。

素质目标：

（1）培养学生求知欲、合作能力及协调能力；

（2）培养学生的观察和分析能力；

（3）引导学生思考、启发学生提问、训练自学方法。

2.6.1 任务导入

设计如图 2-6-1 所示的带式运输机中的传动装置。

设计要求：两班制连续单向运转，载荷轻微变化，使用期限 15 年。输送带速度允差 ±5%。动力来源电动机，三相交流，电压 380/220V

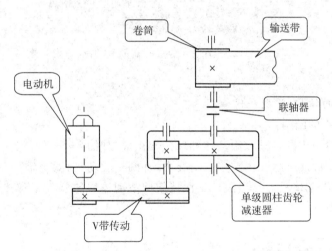

图 2-6-1 带式传输机传动系统

原始数据：

表 2-5-1 带式传输机的设计数据

数据编号	1	2	3	4	5	6	7	8	9	10
运输带工作拉力 F/N	1100	1150	1200	1250	1300	1350	1400	1450	1500	1600
运输带工作速度 $v/(m/s)$	1.5	1.6	1.7	1.5	1.55	1.6	1.55	1.6	1.7	1.8
卷筒直径 D/mm	250	260	270	240	250	260	250	260	280	300

设计内容：选择轴承的型号、确定轴承的尺寸、校核轴承的寿命，为设计绘制装配草图准备条件。

2.6.2　相关知识

一、轴承的概述

1. 轴承的功用

轴承的功用是支承轴及轴上零件,保持轴的旋转精度,减少转轴与支承之间的摩擦和磨损。

2. 轴承的分类

根据支承处相对运动表面的摩擦性质,轴承分为滑动摩擦轴承和滚动摩擦轴承,分别简称为滑动轴承和滚动轴承,如图 2-6-2 所示。

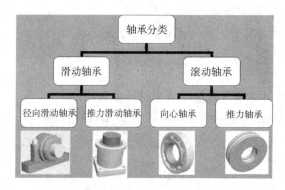

图 2-6-2　轴承

二、滚动轴承

1. 滚动轴承的结构、类型和代号

(1). 滚动轴承的结构

滚动轴承一般由内圈、外圈、滚动体和保持架组成,如图 2-6-3所示。内圈装在轴颈上,外圈装在机座或零件的轴承孔内。多数情况下,外圈不转动,内圈与轴一起转动。当内外圈之间相对旋转时,滚动体沿着滚道滚动。保持架使滚动体均匀分布在滚道上,并减少滚动体之间的碰撞和磨损。

图 2-6-3　滚动轴承的结构

常见的滚动体有 6 种形状,如图 2-6-4 所示:

图 2-6-4　常见的滚动体的形状

（2）滚动轴承的类型

为满足机械的各种要求，滚动轴承有多种类型。滚动体的形状可以是球轴承或滚子轴承。

滚动体的列数可以是单列或双列等。

接触角是滚动轴承的一个重要参数。如图 2-6-5 所示，轴承的径向平面（垂直于轴承轴心线的平面）与轴承套圈传递给滚动体的合力作用线（一般为外圈滚道接触点的法线）的夹角为接触角，用 α 表示。

接触角越大，承受轴向载荷的能力也越大。

按接触角对轴承分类，公称接触角等于 0 的轴承称为径向接触向心轴承（如深沟球轴承、圆柱滚子轴承），主要承受径向载荷；公称接触角大于 0 小于 45° 的轴承称为角接触向心轴承（如角接触球轴承、圆锥滚子轴承），能同时承受径向载荷和轴向载荷；公称接触角等于 90° 的轴承称为轴向推力轴承，只承受轴向载荷。表 2-6-2 列出了一般滚动轴承（GB/T272-93）的类型及特性。

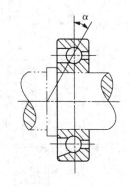

图 2-6-5　滚动轴承接触角

表 2-6-2　常用滚动轴承的类型、代号及特性

轴承类型	轴承类型简图	类型代号	标准号	特性
调心球轴承		1	GB/T281	主要承受径向载荷，也可同时承受少量的双向轴向载荷。外圈滚道为球面，具有自动调心性能，适用于弯曲刚度小的轴；
调心滚子轴承		2	GB/T288	用于承受径向载荷，其承载能力比调心球轴承大，也能承受少量的双向轴向载荷。具有调心性能，适用于弯曲刚度小的轴；
圆锥滚子轴承		3	GB/T297	能承受较大的径向载荷和轴向载荷。内外圈可分离，故轴承游隙可在安装时调整，通常成对使用，对称安装；
双列深沟球轴承		4	—	主要承受径向载荷，也能承受一定的双向轴向载荷。它比深沟球轴承具有更大的承载能力；

（续表）

轴承类型		轴承类型简图	类型代号	标准号	特性
推力球轴承	单向		5（5100）	GB/T301	只能承受单向轴向载荷,适用于轴向力大而转速较低的场合;
	双向		5（5200）	GB/T301	可承受双向轴向载荷,常用于轴向载荷大、转速不高处;
深沟球轴承			6	GB/T276	主要承受径向载荷,也可同时承受少量双向轴向载荷。摩擦阻力小,极限转速高,结构简单,价格便宜,应用最广泛;
角接触球轴承			7	GB/T292	能同时承受径向载荷与轴向载荷,接触角 a 有 15°、25°、40° 三种。适用于转速较高、同时承受径向和轴向载荷的场合;
推力圆柱滚子轴承			8	GB/T4663	只能承受单向轴向载荷,承载能力比推力球轴承大得多,不允许轴线偏移。适用于轴向载荷大而不需调心的场合;
圆柱滚子轴承	外圈无挡边圆柱滚子轴承		N	GB/T283	只能承受径向载荷,不能承受轴向载荷。承受载荷能力比同尺寸的球轴承大,尤其是承受冲击载荷能力大

① 调心球轴承 1000:GB/T281 主要承受径向载荷,也可同时承受少量的双向轴向载荷。外圈滚道为球面,具有自动调心性能,适用于弯曲刚度小的轴。

图 2-6-6　调心球轴承的结构与分解图

② 调心滚子轴承 2000:GB/T288 用于承受径向载荷,其承载能力比调心球轴承大,也能承受少量的双向轴向载荷。具有调心性能,适用于弯曲刚度小的轴。

图 2-6-7　调心滚子轴承的结构与分解图

③ 圆锥滚子轴承 3000:GB/T297 能承受较大的径向载荷和轴向载荷。内外圈可分离,故轴承游隙可在安装时调整,通常成对使用,对称安装。

图 2-6-8　圆锥滚子轴承的结构与分解图

④ 双列深沟球轴承 4000:主要承受径向载荷,也能承受一定的双向轴向载荷。它比深沟球轴承具有更大的承载能力。

图 2-6-9　双列深沟球轴承的结构与分解图

⑤ 推力球轴承:单向 5(5100)GB/T301 只能承受单向轴向载荷,适用于轴向力大而转速较低的场合。

双向 5(5200)GB/T301 可承受双向轴向载荷,常用于轴向载荷大、转速不高处。

图 2-6-10　推力球轴承的结构与分解图

⑥ 深沟球轴承 6000:GB/T276 主要承受径向载荷,也可同时承受少量双向轴向载荷。

摩擦阻力极限转速高,结构简单,价格便宜,应用最广泛。

图 2-6-11　深沟球轴承的结构与分解图

⑦ 角接触球轴承7000:GB/T292能同时承受径向载荷与轴向载荷,接触角 a 有15°、25°、40°三种。适用于转速较高、同时承受径向和轴向载荷的场合。

图 2-6-12　角接触球轴承的结构与分解图

⑧ 推力圆柱滚子轴承8000:GB/T4663只能承受单向轴向载荷,承载能力比推力球轴承大得多,不允许轴线偏移。适用于轴向载荷大而不需调心的场合。

图 2-6-13　推力圆柱滚子轴承的结构与分解图

⑨ 圆柱滚子轴承 N:GB/T283只能承受径向载荷,不能承受轴向载荷。承受载荷能力比同尺寸的球轴承大,尤其是承受冲击载荷能力大。

图 2-6-14　圆柱滚子轴承的结构与分解图

（3）滚动轴承的代号

轴承代号的构成:前置代号基本代号后置代号。

表 2-6-3 滚动轴承的代号

前置代号	基本代号			后置代号
	字母和数字			字母和数字;
	× 类 型 代 号	×× 宽直 度径 系系 列列 代代 号号	×× 内 径 代 号	内部结构改变; 密封、防尘与外部形状改变; 保持架结构、材料改变; 公差等级和游隙; 其他
字母				

基本代号表示轴承的基本类型、结构和尺寸,是轴承代号的基础。

除滚针轴承外,基本代号由轴承类型代号、尺寸代号及内径代号构成。

① 类型代号

0,1,2,3,4,5,6,7,8,N。

表 2-6-4　一般滚动轴承类型代号

轴承类型	代号	轴承类型	代号
双列角接触球轴承	0	深沟球轴承	6
调心球轴承	1	角接触球轴承	7
调心滚子轴承和推力调心滚子轴承	2	推力圆柱滚子轴承	8
圆锥滚子轴承	3	圆柱滚子轴承	N
双列深沟球轴承	4	外球面球轴承	U
推力球轴承	5	四点接触球轴承	QJ

② 尺寸系列代号

轴承尺寸系列代号由轴承的宽度系列代号和直径系列代号组合而成。

组合排列时,宽度系列在前,直径系列在后,见表 2-6-5。

表 2-6-5　滚动轴承尺寸系列

直径系列	向心轴承								推力轴承			
	宽度系列代号								高度系列代号			
	8	0	1	2	3	4	5	6	7	9	1	2
	尺寸系列代号											
7	—	—	17	—	37	—	—	—	—	—	—	—
8	—	08	18	28	38	48	58	68	—	—	—	—
9	—	09	19	29	39	49	59	69	—	—	—	—

（续表）

直径系列	向心轴承								推力轴承			
	宽度系列代号								高度系列代号			
	8	0	1	2	3	4	5	6	7	9	1	2
	尺寸系列代号											
0	—	00	10	20	30	40	50	60	70	90	10	—
1	—	01	11	21	31	41	51	61	71	91	11	—
2	82	02	12	22	32	42	52	62	72	92	12	22
3	83	03	13	23	33	—	—	—	73	93	13	23
4		04	—	24	—	—	—	—	74	94	14	24
5	—	—	—	—	—	—	—	—		95	—	—

③ 内径代号

轴承公称内径 /mm		内径代号	示例
0.6 到 10（非整数）		直接用公称内径毫米数表示,在其与尺寸系列代号之间用"/"分开;	深沟球轴承 618/2.5 $d = 2.5\,\mathrm{mm}$
1 到 9（整数）		直接用公称内径毫米数表示,对深沟球轴承及角接触球轴承 7、8、9 直径系列,内径与尺寸系列代号之间用"/"分开;	深沟球轴承 625 618/5 $d = 5\,\mathrm{mm}$
10 到 17	10	00	深沟球轴承 6200 $d = 10\,\mathrm{mm}$
	12	01	
	15	02	
	17	03	
20 到 480（22,28,32 除外）		直接用公称内径毫米数表示,但在内径与尺寸系列代号之间用"/"分开;	调心滚子轴承 230/500 $d = 500\,\mathrm{mm}$ 深沟球轴承 62/22 $d = 22\,\mathrm{mm}$
大于和等于 500 以及 22,28,32		直接用公称内径毫米数表示,但在内径与尺寸系列代号之间用"/"分开	调心滚子轴承 230/500 $d = 500\,\mathrm{mm}$ 深沟球轴承 62/22 $d = 22\,\mathrm{mm}$

基本代号一般由五个数字（或字母加四个数字）组成。当宽度系列为 0 时可省略。

如 6200　02 为尺寸系列代号

④ 前置和后置代号

轴承在结构形状、尺寸、公差、技术要求有改变时,在其基本代号左右添加的代号。

表 2-6-6　前置代号和后置代号

前置代号			基本代号	后置代号							
代号	含义	示例		1	2	3	4	5	6	7	8
F	凸缘外圈的向心球轴承(仅适合于 $d \leqslant 10 \text{mm}$)	F618/4		内部结构	密封与防尘套圈变型	保持架及材料	轴承材料	公差等级	游隙	配置	其它
L	可分离轴承的可分离内圈或外圈	LNU207									
R	不带可分离内圈或外圈的轴承	RNU207									
WS	推力圆柱滚子轴承轴圈	WS81107									
GS	推力圆柱滚子轴承座圈	GS81107									
KOW—	无轴圈推力轴承	KOW—51108									
KIW—	无座圈推力轴承	KIW—51108									
K	滚子和保持架组件	K81107									

2. 滚动轴承类型的选择

(1) 选型原则:

① 载荷条件

载荷较大时应选用线接触的滚子轴承。受纯轴向载荷时选用推力轴承;主要承受径向载荷时应选用深沟球轴承;同时承受径向和轴向载荷时应选择角接触轴承;当轴向载荷比径向载荷大很多时,常用推力轴承和深沟球轴承的组合结构;承受冲击载荷时宜选用滚子轴承。注意:推力轴承不能承受径向载荷,圆柱滚子轴承不能承受轴向载荷。

② 转速条件选择轴承时应注意极限转速 n/min。转速较高时,宜用球轴承。

③ 调心性能轴承内、外圈轴线间的偏位角应控制在极限值之内。否则会增加轴承的附加载荷而降低其寿命。

④ 经济性一般球轴承的价格低于滚子轴承。精度越高价格越高。同精度的轴承,深沟球轴承价格最低。

(2) 一般原则:

① 转速 n 高,载荷小,旋转精度高 → 球轴承;

转速 n 低,载荷大,或冲击载荷 → 滚子轴承。

② 主要受径向力 F_r → 向心轴承(径向接触轴承);

主要受轴向力 F_a:n 不高时 → 推力轴承(轴向接触轴承);

n 高时 → 角接触球轴承或深沟球轴承。

③ 同时受 F_r 和 F_a 均较大时——角接触球轴承 7 类(n 较高时);

——圆锥滚子轴承 3 类(n 较低时);

F_r 较大,F_a 较小时 —— 深沟球轴承;

F_a 较大,F_r 较小 —— 深沟球轴承＋推力球轴承;

推力角接触轴承

④ 要求 $n < n_{\text{lim}}$ —— 极限转速

球轴承极限转速高;

滚子轴承极限转速低；

推力轴承极限转速低。

⑤ 轴的刚性较差,轴承孔不同心 —— 调心轴承。

⑥ 便于装拆和间隙调整 —— 内、外圈可分离的轴承。

⑦ 3、7 两类轴承应成对使用,对称安装。

⑧ 旋转精度较高时 —— 较高的公差等级和较小的游隙。

⑨ 要求支承刚度高时 —— 滚子轴承。

轴向尺寸受到限制 —— 窄或特窄的轴承；

径向尺寸受到限度 —— 滚动体较小的轴承；

径向尺寸小而载荷又大 —— 滚针轴承。

3. 滚动轴承的失效形式

(1) 疲劳点蚀

在载荷作用下,滚动体和内外圈接触处将产生接触应力。当接触应力循环次数达到一定数值后,内外圈滚道或滚动体表面将形成疲劳点蚀,使轴承失去工作能力,即失效。

图 2-6-15 轴承的疲劳点蚀

(2) 塑性变形

在过大的静载荷或冲击载荷作用下,滚动体和内外圈滚道可能产生塑性变形,致使轴承不能正常工作而失效。

图 2-6-16 轴承的塑性变形

(3) 磨损

轴承在密封不可靠、润滑剂不清洁或多尘环境下工作时,轴承易产生磨粒磨损。

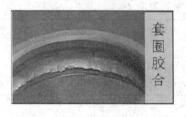

图 2 - 6 - 17　轴承的磨损

4. 滚动轴承的尺寸选择

正常工作条件下的滚动轴承,绝大多数是因为疲劳点蚀而失效,所以滚动轴承应进行接触疲劳寿命计算。

（1）基本额定寿命和基本额定动载荷

寿命:轴承中任何一个元件出现疲劳点蚀以前运转的总转数,或轴承在一定转速下工作的小时数称为轴承的寿命。

基本额定寿命:一批同型号的轴承即使在同样的工作条件下运转,由于材料、热处理及加工因素等的影响,各轴承的寿命也不会完全相同。

一批同型号的轴承在相同条件下运转时,90% 的轴承未发生疲劳点蚀前运转的总转数,或在一定转速下工作的小时数,称为轴承的基本额定寿命,分别以 L_{10}（10^6 转为单位）和 L_{10h}（小时为单位）表示。

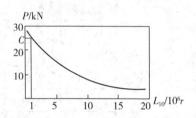

图 2 - 6 - 18　滚动轴承的载荷与
寿命关系曲线

基本额定动载荷:基本额定寿命为 10^6 转,即 $L_{10} = 1$ 时,轴承能承受的最大载荷称为基本额定动载荷,用符号 C 表示。

基本额定动载荷是衡量轴承抵抗疲劳点蚀能力的主要指标。

如果轴承的基本额定动载荷大．则其抗疲劳点蚀的能力强。

对于向心轴承,基本额定动载荷是指径向载荷,用 C_r 表示;对于推力轴承是指轴向载荷,以 C_a 表示

轴承的基本额定动载荷值可由设计手册查得。

（2）当量动载荷

如果作用在轴承上的实际载荷是径向载荷 Fr 和轴向载荷 Fa 的复合作用时,为了计算轴承寿命时能与基本额定动载荷作等价比较,需将实际工作载荷转化为等效的当量动载荷 P。在当量动载荷 P 作用下的寿命与实际工作载荷条件下的寿命相同。

当量动载荷的计算公式如下:

① 向心轴承（"6"类、"1"类、"2"类）当 $F_a/F_r \leqslant e$ 时,$P = f_p F_r$

当 $F_a/F_r > e$ 时,$P = f_p(XF_r + YF_a)$

式中,f_P 为载荷系数,见表 2 - 6 - 7;X、Y 分别为径向载荷系数和轴向载荷系数,见表 2 - 6 - 8;e 为轴向载荷影响系数,见表 2 - 6 - 8。

表 2-6-7　载荷系数 f_P

载荷性质	举例	f_P
无冲击或轻微冲击	电机、汽轮机、通风机、水泵;	$1.0 \sim 1.2$
中等冲击	机床、车辆、内燃机、冶金机械、起重机械、减速器;	$1.2 \sim 1.8$
强大冲击	轧钢机、破碎机、钻探机、剪床	$1.8 \sim 3.0$

表 2-6-8　当量动载荷的 X、Y 系数

轴承类型		F_a/C_{0r}	e	单列轴承				双列轴承(或成对安装的单列轴承)			
				$F_a/Fr \leqslant e$		$F_a/Fr > e$		$F_a/Fr \leqslant e$		$F_a/Fr > e$	
名称	类型代号			X	Y	X	Y	X	Y	X	Y
圆锥滚子轴承	3	—	$1.5\tan\alpha$	1	0	0.4	$0.4\cot\alpha$	1	$0.45\cot\alpha$	0.67	$0.67\cot\alpha$
深沟球轴承	6	0.014	0.19	1	0	0.56	2.30	1	0	0.56	2.30
		0.028	0.22				1.99				1.99
		0.056	0.26				1.71				1.71
		0.084	0.28				1.55				1.55
		0.11	0.30				1.45				1.45
		0.17	0.34				1.38				1.31
		0.28	0.38				1.15				1.15
		0.42	0.42				1.04				1.04
		0.56	0.44				1.00				1.00
角接触球轴承	7 $\alpha=15°$	0.015	0.38	1	0	0.44	1.47	1	1.65	0.72	2.39
		0.029	0.40				1.40		1.57		2.28
		0.058	0.43				1.30		1.46		2.11
		0.087	0.46				1.23		1.38		2.00
		0.12	0.47				1.19		1.34		1.93
		0.17	0.50				1.12		1.26		1.82
		0.29	0.55				1.02		1.14		1.66
		0.44	0.56				1.00		1.12		1.63
		0.58	0.56				1.00		1.12		1.63
	$\alpha=25°$	—	0.68	1	0	0.41	0.87	1	0.92	0.67	1.41

注: C_{0r} 为径向基本额定静载荷,由产品目录查出。α 具体数值由产品目录或有关手册查出。

② 圆柱滚子轴承("N"类)

圆柱滚子轴承一般只能承受径向载荷,当量动载荷为 $P = f_p F_r$

③ 推力轴承

推力轴承只能承受轴向载荷,当量动载荷为 $P = f_p F_a$

（3）滚动轴承的寿命计算公式

大量试验证明，滚动轴承的寿命与轴承的基本额定动载荷、轴承所受的载荷（当量动载荷）等有关，其方程为

$$P^\varepsilon L_{10} = 常数$$

$$P^\varepsilon L_{10} = C^\varepsilon \cdot 1$$

因此滚动轴承的寿命计算基本公式为

$$L_{10} = \left(\frac{C}{P}\right)^\varepsilon$$

若用给定转速 n 下的工作小时数来表示，则为

$$L_{10k} = \frac{10^6}{60n}\left(\frac{C}{P}\right)^\varepsilon$$

上述公式是在温度低于 100℃ 的条件下得出的，当温度高于 100℃ 时，会使额定动载荷 C 值降低，因而要引入温度系数 f_T（表 $2-6-8$）得

$$L_{10k} = \frac{10^6}{60n}\left(\frac{f_r C}{P}\right)^\varepsilon \geqslant [L_k]$$

式中 $[L_h]$ 为轴承的预期寿命，单位为 h，可根据机器的具体要求或参考表确定。

表 2-6-9　温度系数 f_T

轴承的工作温度 /℃	100	125	150	175	200	225	250	300
f_T	1	0.95	0.90	0.85	0.80	0.75	0.70	0.60

表 2-6-10　轴承预期寿命的参考值

机器种类		预期寿命 / 小时
不经常使用的仪器或设备；		500
航空发动机；		500 ～ 2000
间断使用的机器	中断使用不致引起严重后果的手动机械、农业机械等；	4000 ～ 8000
	中断使用会引起严重后果的机械设备，如升降机、输送机、吊车等；	8000 ～ 12000
每日工作 8 小时的机器	利用率不高的齿轮传动、电机等；	12000 ～ 20000
	利用率较高的通风设备、机床等；	20000 ～ 30000
连续工作 24 小时的机器	一般可靠性的空气压缩机、电机、水泵等；	50000 ～ 60000
	高可靠性的电站设备、给排水装置等；	＞ 100000

若以基本额定动载荷 C 表示，可得

$$C \geqslant (\frac{60n[L_{k}]}{10^{6}})^{\frac{1}{k}}\frac{P}{f_{r}}$$

例：角接触轴承的轴向载荷计算（对于角接触球轴承"7"和圆锥滚子轴承"3"的轴向力求法）

① 角接触轴承的内部轴向力

角接触轴承存在着接触角α，所以载荷作用中心不在轴承的宽度中点，而与轴心线交于O点。

当受到径向载荷F_{R}作用时，作用在承载区内第i个滚动体上的法向力F_{i}可分解为径向分力F_{ri}和轴向分力F_{Si}。各滚动体上所受轴向分力的总和即为轴承的内部轴向力F_{S}。如图2-6-19所示。

② 角接触轴承的轴向力F_{a}的计算

为了使角接触轴承能正常工作，一般这种轴承都要成对使用，并将两个轴承对称安装。

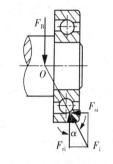

图2-6-19　单个角接触轴承受力分析

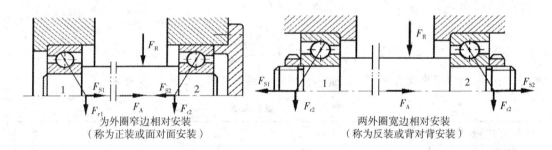

为外圈窄边相对安装
（称为正装或面对面安装）

两外圈宽边相对安装
（称为反装或背对背安装）

图2-6-20　对装角接触轴承受力分析

$F'_{s1} = F_{s2} - F_{X} - F_{s1}$

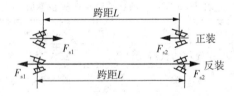

两种情况：

Ⅰ. 正装

a) $F_{s1}+F_{X} < F_{s2}$

则轴有右移的趋势，此时轴承Ⅱ由于被端盖顶住而压紧（简称紧端）；而轴承Ⅰ则被放松（称松端）。

$$F_{s1} + F_{X} = F_{s2} + F'_{s2} \qquad F'_{s2} = F_{s1} + F_{X} - F_{s2}$$

由此得两轴承所受的实际轴向载荷分别为：

轴承 Ⅰ（松端）	$F_{a1} = F_{s1}$
轴承 Ⅱ（紧端）	$F_{a2} = F_{s2} + F'_{s2} = F_{s2} + (F_{s1} + F_X - F_{s2}) = F_{s1} + F_X$

Ⅱ. 反装

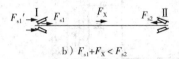

$$b) \ F_{s1} + F_X < F_{s2}$$

轴有左移的趋势，此时轴承 Ⅰ 由于被端盖顶住而压紧（简称紧端），而轴承 Ⅱ 则被放松（称松端）。

$$F'_{s1} + F_{S1} + F_X = F_{S2}$$

轴承 Ⅱ（松端）	$F_{a2} = F_{s2}$
轴承 Ⅰ（紧端）	$F_{a1} = F_{s2} - F_X$

由以上分析，可得出角接触轴承的实际轴向载荷的计算方法要点：

（1）根据轴承的安装方式，确定内部轴向力的大小及方向；

（2）判断全部轴向载荷合力的方向，确定被压紧的轴承（紧端）及被放松的轴承（松端）；

（3）"紧端"轴承所受的实际轴向载荷，应为除了自身内部轴向力之外，其他所有轴向力的代数和；

"松端"轴承所受的实际轴向载荷，等于自身内部轴向力。

5. 滚动轴承的组合设计

为保证滚动轴承的正常工作，除了要合理选择轴承的类型和尺寸外，还必须正确、合理地进行轴承的组合设计。轴承的组合设计主要解决的问题是：轴承的轴向固定、轴承与其他零件的配合、轴承的调整、润滑与密封等问题。

（1）滚动轴承的支承结构类型

① 两端固定式（图中调整垫片可移动）

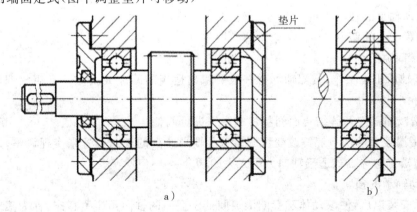

图 2-6-21　两端固定式支承结构

② 一端固定、一端游动式

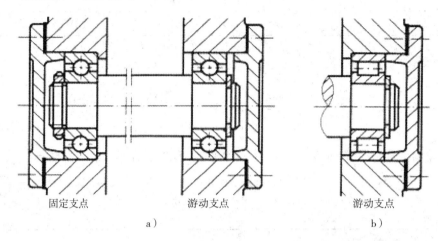

固定支点　　　　　　游动支点　　　　　　游动支点

a)　　　　　　　　　　　　b)

图 2 - 6 - 22　一端固定、一端游动式支承结构

③ 两端游动式

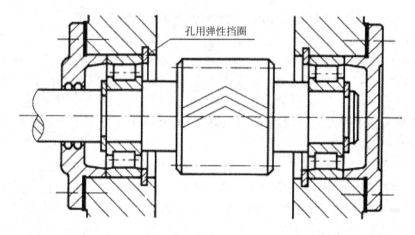

孔用弹性挡圈

图 2 - 6 - 23　两端游动式支承结构

（2）滚动轴承的轴向固定

（3）轴承组合的调整

① 轴承间隙的调整

为保证轴承正常工作,装配轴承时一般要留出适当的间隙或游隙。常用的调整轴承间隙的方法有:

a. 靠增减端盖与箱体结合面间垫片的厚度进行调整;

b. 利用端盖上的调节螺钉改变可调压盖及轴承外圈的轴向位置来实现调整,调整后用螺母锁紧防松。这种方式适于轴向力不太大的场合。

② 滚动轴承的预紧

在轴承安装以后,使滚动体和套圈滚道间处于适当的轴向预压紧状态,称为滚动轴承的预紧。预紧的目的在于提高轴的支承刚度和旋转精度。

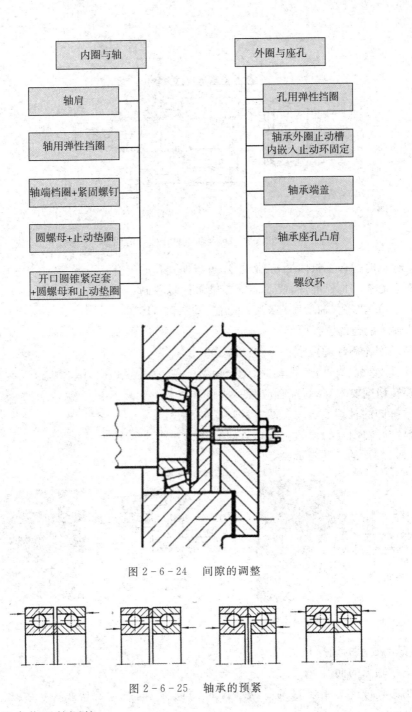

图 2-6-24　间隙的调整

图 2-6-25　轴承的预紧

③ 轴承组合位置的调整

轴承组合位置调整的目的,是使轴上的零件(如齿轮等)处于准确的轴向工作位置。通常用垫片调整。

(4) 滚动轴承的配合与装拆

① 滚动轴承的配合

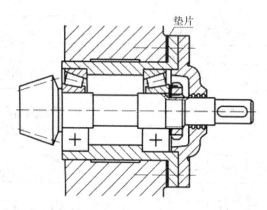

图 2-6-26　轴承组合位置的调整

滚动轴承的配合是指内圈与轴颈、外圈与外壳孔的配合。

由于滚动轴承是标准件,因此内圈与轴采用基孔制。n6、m6、k6、js6。

外圈与箱体座孔(轴承座)采用基轴制。J7、J6、H7、G7。

滚动轴承配合的选择原则:

a. 转动圈比不动圈配合松一些。

b. 高速、重载、有冲击、振动时,配合应紧一些,载荷平稳时,配合应松一些。

c. 旋转精度要求高时,配合应紧一些。

d. 常拆卸的轴承或游动套圈应取较松的配合。

e. 与空心轴配合的轴承应取较紧的配合。

② 滚动轴承的安装与拆卸

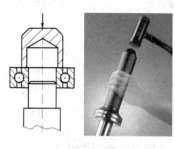
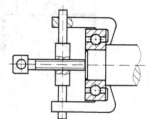

图 2-6-27　轴承的安装　　　　　　　图 2-6-28　轴承的拆卸

(5) 滚动轴承的润滑和密封

① 滚动轴承的润滑

滚动轴承润滑的主要目的是减少摩擦与磨损,同时也有吸振、冷却、防锈和密封等作用。

常用的润滑剂有润滑油和润滑脂两种。

② 滚动轴承的密封

滚动轴承密封的作用是防止外界灰尘、水分等进入轴承,并阻止轴承内润滑剂流失。

密封方法可分为接触式密封和非接触式密封两大类。

图 2 - 6 - 29 轴承的润滑

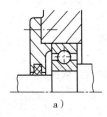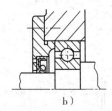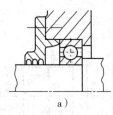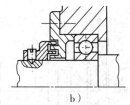

a) b) a) b)

图 2 - 6 - 30 轴承的密封

2.6.3 示范任务

例:如图2-6-31所示为一电动机通过一级直齿圆柱齿轮减速器带动链传动的简图。已知电动机功率为 $P=30\text{kW}$,转速 $n=970\text{r/min}$,减速器效率为 0.92,传动比 $i=4$,单向传动,从动齿轮分度圆直径 $d_2=410\text{mm}$,轮毂长度 105mm。减速器工作平稳,轴承工作温度正常。要求轴承预期寿命为 39600h(折合 5 年的工作寿命),试从设计从动齿轮轴的结构和尺寸后确定支撑该轴的轴承类型和尺寸,并判断该轴承是否合适。

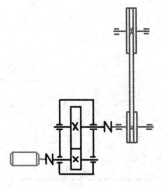

图 2 - 6 - 31 单级齿轮减速器简图

设计步骤与计算	说　　明
解:1. 求输出轴 2 的转速与输出功率及转矩 $n_2 = n_1/i = 970/4 = 242.5(\text{r/min})$ $P_2 = 0.92 \times P_1 = 0.92 \times 30 = 27.6(\text{KW})$ $T_2 = 9.55 \times 10^6 P_2/n_2 = 9.55 \times 10^6 \times 27.6/242.5$ $\qquad = 1.087 \times 10^6 (\text{N} \cdot \text{mm})$	
2. 轴的结构设计 轴结构图	具体的设计依据见项目 5 中的示范任务;
3. 求作用在齿轮上的力 齿轮圆周力 $F_t = 2T_2/d_2 = 2 \times 1.087 \times 10^6/410 = 5302(\text{N})$; 齿轮径向力 $F_r = F_t \tan\alpha = 5302 \times \tan20° = 1930(\text{N})$; 齿轮轴向力 $F_a = 0$。	
4. 确定该轴的轴承类型和尺寸 选深沟球轴承(滚子轴承)成对使用,尺寸系列为 2。 选择型号为:滚动轴承 6213	转速 $n = 242.5\text{r/min}$ 低,载荷大,有一定冲击载荷,主要受径向力。 被支撑的轴颈尺寸为 65mm

（续表）

设计步骤与计算	说　　明
5. 求当量动载荷 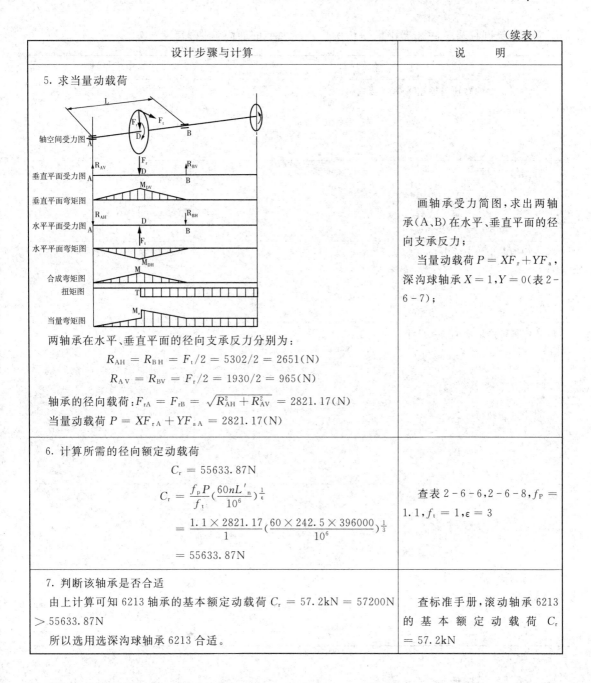 两轴承在水平、垂直平面的径向支承反力分别为： $$R_{AH} = R_{BH} = F_t/2 = 5302/2 = 2651(N)$$ $$R_{AV} = R_{BV} = F_r/2 = 1930/2 = 965(N)$$ 轴承的径向载荷：$F_{rA} = F_{rB} = \sqrt{R_{AH}^2 + R_{AV}^2} = 2821.17(N)$ 当量动载荷 $P = XF_{rA} + YF_{aA} = 2821.17(N)$	画轴承受力简图，求出两轴承（A、B）在水平、垂直平面的径向支承反力； 当量动载荷 $P = XF_r + YF_a$，深沟球轴承 $X = 1, Y = 0$（表2-6-7）；
6. 计算所需的径向额定动载荷 $$C_r = 55633.87N$$ $$C_r = \frac{f_p P}{f_t} \left(\frac{60nL'_n}{10^6}\right)^{\frac{1}{\varepsilon}}$$ $$= \frac{1.1 \times 2821.17}{1} \left(\frac{60 \times 242.5 \times 396000}{10^6}\right)^{\frac{1}{3}}$$ $$= 55633.87N$$	查表 2-6-6,2-6-8,$f_P = 1.1, f_t = 1, \varepsilon = 3$
7. 判断该轴承是否合适 由上计算可知 6213 轴承的基本额定动载荷 $C_r = 57.2kN = 57200N$ > 55633.87N 所以选用选深沟球轴承 6213 合适。	查标准手册，滚动轴承 6213 的基本额定动载荷 $C_r = 57.2kN$

2.6.4　学练任务

题目：已知带式传输机输送带的有效拉力为 $F_w = $ _____ N，输送带速度 $V_w = $ _____ m/s，滚筒直径 $D = $ _____ mm。两班制连续单向运转，载荷轻微变化，使用期限 15 年。输送带速度允差 ±5%。环境有轻度粉尘，结构尺寸无特殊限制，工作现场有三相交流电源，电压 380/220V。

设计内容：选择轴承的型号、确定轴承的尺寸、校核轴承的寿命。

其单级圆柱齿轮减速器中的直齿圆柱齿轮、轴和箱体的结构尺寸已知。

设计步骤与计算	说　明
1. 求输出轴 2 的转速与输出功率及转矩	
2. 轴的结构设计	
3. 求作用在齿轮上的力	
4. 确定该轴的轴承类型和尺寸	
5. 求当量动载荷	
6. 计算所需的径向额定动载荷	
7. 判断该轴承是否合适	

2.6.5　拓展任务

滑动轴承

一、概述

工作时轴承和轴颈的支承面间形成直接或间接接触摩擦的轴承,称为滑动轴承。

滑动轴承按摩擦(润滑)状态可分为液体摩擦(润滑)轴承和非液体摩擦(润滑)轴承。

根据轴承所能承受的载荷方向不同,滑动轴承可分为向心滑动轴承和推力滑动轴承。向心滑动轴承用于承受径向载荷;推力滑动轴承用于承受轴向载荷。

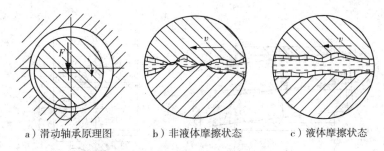

a）滑动轴承原理图　　　b）非液体摩擦状态　　　c）液体摩擦状态

图 2-6-32　滑动轴承的摩擦（润滑）状态

二、滑动轴承的结构

1. 整体式滑动轴承

是在机体上、箱体上或整体的轴承座上直接镗出轴承孔，并在孔内镶入轴套

优点：结构简单、成本低。

缺点：轴颈只能从端部装入，安装和维修不便，而且轴承磨损后不能调整间隙，只能更换轴套

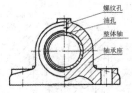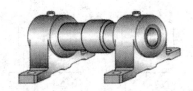

图 2-6-33　整体式滑动轴承

2. 剖分式滑动轴承（对开式滑动轴承）

在轴承座和轴承盖的剖分面上制有阶梯形的定位止口，便于安装时对心。还可在剖分面间放置调整垫片，以便安装或磨损时调整轴承间隙。这种轴承装拆方便，又能调整间隙，克服了整体式轴承的缺点，得到了广泛的应用。

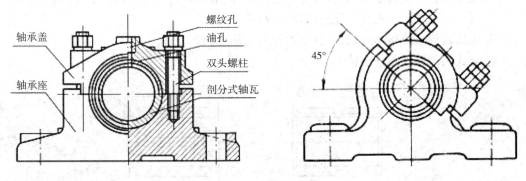

图 2-6-34　剖分式滑动轴承

3. 调心式滑动轴承

当轴颈较宽（宽径比 $B:d>1.5$）、变形较大或不能保证两轴孔轴线重合时，将引起两端轴套严重磨损，这时就应采用调心式滑动轴承，利用球面支承，自动调整轴套的位置，以适应

轴的偏斜

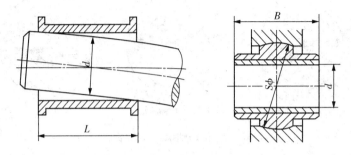

图 2-6-35 调心式滑动轴承

4. 推力滑动轴承

推力滑动轴承用于承受轴向载荷。常见的推力轴颈形状：

实心端面止推轴颈由于工作时轴心与边缘磨损不均匀，以致轴心部分压强极高，所以很少采用。

空心端面止推轴颈和环状轴颈工作情况较好。载荷较大时，可采用多环轴颈。

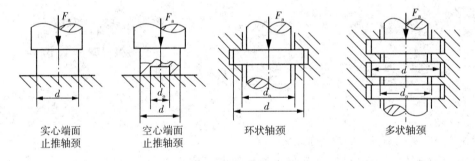

| 实心端面
止推轴颈 | 空心端面
止推轴颈 | 环状轴颈 | 多状轴颈 |

图 2-6-36 推力轴颈形状

三、轴瓦的结构

轴瓦应具有一定的强度和刚度，要固定可靠，润滑良好，散热容易，便于装拆和调整。

常用的轴瓦有整体式和剖分式两种结构。

整体式轴承采用整体式轴瓦，整体式轴瓦又称为轴套。

剖分式轴承采用剖分式轴瓦。

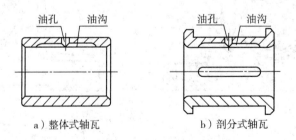

a) 整体式轴瓦   b) 剖分式轴瓦

图 2-6-37 轴瓦的结构

轴瓦可以由一种材料制成，也可以在高强度材料的轴瓦基体上浇注一层或两层轴承合金作为轴承衬,称为双金属轴瓦或三金属轴瓦。

为了使轴承衬与轴瓦基体结合牢固,可在轴瓦基体内表面或侧面制出沟槽。

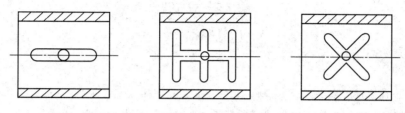

图 2 - 6 - 38　轴瓦的油孔和油沟

油孔和油沟的开设原则

(1)油沟的轴向长度应比轴瓦长度短,大约应为轴瓦长度的 80%,不能沿轴向完全开通,以免油从两端大量泄漏,影响承载能力。

(2)油孔和油沟应开在非承载区,以保证承载区油膜的连续性。

2.6.6　自测任务

1. 向心推力滚动轴承承受轴向载荷的能力是随接触角的增大而。

①增大;②减小;③不变;④不一定

2. 典型的滚动轴承由哪四部分组成?

3. 什么是滚动轴承的接触角?

4. 滚动轴承最常见的失效形式是什么?

5. 安装滚动轴承时为什么要施加预紧力?

6. 增加滚动轴承刚度的办法有哪些?

7. 什么是轴承的寿命? 什么是轴承的额定寿命?

8. 为什么向心推力轴承必须成对安装使用?

9. 什么是滚动轴承的当量动载荷 P? P 应如何计算?

10. 轴向载荷是如何影响角接触滚动轴承滚动体的载荷分布的?

11. 滚动轴承的支承形式有哪些? 各有何特点?

12. 选择滚动轴承配合的原则有哪些?

参考文献

[1] 刘美玲．雷振德．机械设计基础．北京:科学出版社,2005.

[2] 邓德清,胡绍平．机械设计基础课程指导书．北京:科学出版社,2005.

[3] 罗玉福,王少岩．机械设计基础．大连:大连理工大学出版社,2009.

[4] 邹培海,银金光．机械设计基础．北京:清华大学出版社,2009.

[5] 兰青．机械基础．北京:中国劳动社会保障出版社,2009.

[6] 芦书荣,张翠华．机械设计课程设计．成都:西南交通大学出版社,2014.

[7] 罗玉福,王少岩．机要设计基础实训指导．大连:大连理工大学出版社,2012.

[8] 于仕斌．汽车检测与维修高级技工职业活动导向课程开发的实践与研究．[学位论文].
上海:华东师范大学,2009.

[9] 邹本杰．当前高职"机械设计基础"课程教学存在的问题及对策思考．科技信息,2014
(4):228-229.

[10] 周智光,王盈．机械设计基础．北京:化学工业出版社,2011.

[11] 吴明清,王真．机械设计基础与实践．北京:北京大学出版社,2010.

[12] 韩玉成,王少岩．机械设计基础．北京:电子工业出版社,2014.

[13] 杨红,程利．机械设计基础课程指导书．南京:南京大学出版社,2012.

[14] 李威,慕玺清,陈周娟．机械设计基础．北京:机械工业出版社,2015.

[15] 张景学．机械原理与机械零件．北京:机械工业出版社,2015.

[16] 张景学．机械原理与机械零件活页练习册[M]．北京:机械工业出版社,2014.

[17] 曾德江,黄均平．机械基础(机械原理与零件分册)．北京:机械工业出版社,2014.

[18] 陈立德,罗卫平．机械设计基础．北京:高等教育出版社,2013.

[19] 陈霖,甘露萍．机械设计基础．北京:人民邮电出版社,2010.

[20] 马学友,廖建刚．机械设计基础．北京:科学出版社,2009.

[21] 陈时苗,黄劲枝．机械设计基础．北京:机械工业出版社,2009.

[22] 陈桂芳．机械设计基础．北京:人民邮电出版社,2007.

[23] 石固欧．机械设计基础．北京:高等教育出版社,2003.

[24] 谈嘉桢．机械设计．北京:中国标准出版社,2001.

[25] 成大先．机械设计手册．第2卷．北京．化学工业出版社,2008.